中等职业教育"十四五"推荐教材
中等职业教育土木建筑大类专业"互联网+"数字化创新教材

BIM 工程造价软件应用

任　娟　杨凯钧　主　编
罗思红　陈毅俊　副主编
朱军练　主　审

中国建筑工业出版社

图书在版编目（CIP）数据

BIM 工程造价软件应用 / 任娟，杨凯钧主编；罗思红，陈毅俊副主编. — 北京：中国建筑工业出版社，2022.6

中等职业教育"十四五"推荐教材　中等职业教育土木建筑大类专业"互联网＋"数字化创新教材

ISBN 978-7-112-27049-1

Ⅰ. ①B… Ⅱ. ①任… ②杨… ③罗… ④陈… Ⅲ. ①建筑工程-工程造价-应用软件-中等专业学校-教材 Ⅳ. ①TU723.32-39

中国版本图书馆 CIP 数据核字（2021）第 280633 号

本教材内容以广联达 BIM 系列工程造价软件的操作与实例应用为主，共包括 7 个模块，分别为：模块 1 BIM 基础知识、模块 2 主体结构工程量计算、模块 3 基础层工程量计算、模块 4 装修工程量计算、模块 5 零星及其他工程量计算、模块 6 CAD 导图建模及模块 7 招标控制价编制。

本教材适合中等职业教育土木建筑类专业师生使用，也可作为工程造价从业人员学习参考。为方便教师授课，本教材作者自制免费课件，索取方式为：1. 邮箱 jckj@cabp.com.cn；2. 电话（010）58337285；3. 建工书院 http：//edu.cabplink.com。

责任编辑：李天虹　李　阳
责任校对：姜小莲

中等职业教育"十四五"推荐教材
中等职业教育土木建筑大类专业"互联网＋"数字化创新教材
BIM 工程造价软件应用
任　娟　杨凯钧　主　编
罗思红　陈毅俊　副主编
朱军练　主　审
*
中国建筑工业出版社出版、发行（北京海淀三里河路 9 号）
各地新华书店、建筑书店经销
北京鸿文瀚海文化传媒有限公司制版
北京同文印刷有限责任公司印刷
*
开本：787 毫米×1092 毫米　1/16　印张：15¾　字数：388 千字
2022 年 4 月第一版　　2022 年 4 月第一次印刷
定价：49.00 元（赠教师课件）
ISBN 978-7-112-27049-1
（38860）

前　言

自 2011 年 BIM 发展纲要被写入我国的"十一五"发展纲要中后，建筑业内上至政府，下至企业与个人，都对其非常重视，而且很多企业已经开始尝试应用，并且取得了很好的效果。随着北京、上海、广州等一线城市陆续颁布地方 BIM 政策与标准，BIM 技术已经呈现井喷现象。然而缺乏有经验的从业者已经成为建筑业、信息技术业通往 BIM 时代的主要瓶颈，BIM 的广泛采用需要大范围的人才培养和培训。BIM 人才已经成为国家信息技术产业、建筑产业发展的强有力支撑和重要条件，能够给各产业带来更大的社会效益、经济效益和环境效益。"十三五规划"已经提出实施"互联网＋"行动计划，但是在互联网信息化应用中，建筑行业的同比只占 15％，环比不到 5％，未来建筑业信息化高速发展是必然趋势，社会需求也会起来越广泛，加之 BIM 技术在建筑业应用的先进性和方便性，其应用效果直观可视、数据精准、方便快捷、互联共享良好等优点，必定成为建筑人必须掌握的专业技能之一，所以考证及培训工作开展迫在眉睫。

综上所述，随着 BIM 技术的推广和应用，人才不足是当前发展的重大瓶颈，对 BIM 人才的需求也会从量的需求过渡为质的衡量，为顺应新时代、新建筑、新教育的趋势，学校开展了"BIM 工程造价软件应用"课程的教学，推动了精品课程的研究，启动了教材的编写。

本课程内容以广联达 BIM 系列工程造价软件的操作与实例应用为主，采用理实一体化的教学方式，参照国家标准《建设工程工程量清单计价规范》GB 50500—2013、《房屋建筑与装饰工程工程量计算规范》GB 50854—2013 和地方规范《广东省房屋建筑与装饰工程综合定额（2018）》的计量规则及计价办法，以实际工程项目为载体，通过教学使学生理解造价软件快捷的工作思路，掌握并能熟练使用 BIM 工程造价软件的操作方法，具备正确使用 BIM 工程造价软件进行相应工程量编制的能力及编制一般建筑结构工程项目电子计价文件的能力。

本教材与广联达科技股份有限公司合作，依据课程标准，按实际工程图纸和软件操作流程组织教材内容，使教材更贴近本专业的发展和学习者实际需要。

本教材以中职学生的认知规律出发，以工作过程为主线，充分体现项目导向、任务引领课程的设计思想，表述精炼、准确、科学，图文并茂，内容充分体现科学性、实用性、可操作性。

本教材编制框架分为 7 个模块，具体如下：

模块 1　BIM 基础知识
模块 2　主体结构工程量计算
模块 3　基础层工程量计算
模块 4　装修工程量计算
模块 5　零星及其他工程量计算

模块 6　CAD 导图建模

模块 7　招标控制价编制

本教材由任娟、杨凯钧担任主编，罗思红、陈毅俊担任副主编，徐磊、汪红丽、冼洁仪、傅则恒、李宛参编。具体编写分工如下：冼洁仪编写模块 1，杨凯钧编写模块 2，汪红丽编写模块 3，任娟编写模块 4、模块 5，徐磊、李宛和陈毅俊编写模块 6，罗思红和傅则恒编写模块 7。全书由广联达科技股份有限公司朱军练主审，任娟和罗思红进行修改并定稿。

BIM 技术在我国还处于不断发展阶段，本教材在编写过程中虽然经过反复修改和校对，但由于时间紧迫，编者水平有限，难免有不足之处，在此衷心感谢参与教材编写的全体人员，也诚望广大读者提出宝贵意见，以便再版时修改完善。

目 录

Chapter 01

模块1

BIM基础知识

导学

　　BIM技术目前已经在全球范围内得到业界的广泛认可，它可以帮助实现建筑信息的集成，设计团队、施工单位、设施运营部门和业主等各方人员可以基于BIM进行协同工作，有效提高工作效率、节省资源、降低成本，以实现可持续发展。本模块主要介绍BIM基础知识。

任务 1　BIM 概述　工作页

学习任务 1		BIM 概述	建议学时	1
学习目标	1. 了解 BIM 的概念； 2. 认识 BIM 的特点； 3. 了解 BIM 的发展现状； 4. 熟悉 BIM 在工程造价管理中的应用； 5. 强化建筑预算工作中的社会主义核心价值观			
任务描述	本任务是熟悉 BIM 的基础知识,包括概念、特点、发展现状,熟悉 BIM 在工程造价管理中的应用及其价值			
学习过程	引导性问题 1:美国国家 BIM 标准对 BIM 的定义由哪三部分组成? 引导性问题 2:BIM 通过参数化技术进行 3D 立体建模,其特点主要有哪些? 引导性问题 3:BIM 可以帮助实现建筑信息的集成,从建筑的＿＿＿＿＿、＿＿＿＿＿、＿＿＿＿＿直至建筑＿＿＿＿＿,各种信息始终整合于一个＿＿＿＿＿数据库中。 引导性问题 4:BIM 在全过程造价管理中的应用有哪些? 引导性问题 5:BIM 在造价方面的应用价值有哪些?			
知识点归纳	见任务小结思维导图			
课后要求	1. 复习"任务 1　BIM 概述"的相关内容； 2. 预习"任务 2　BIM 算量基础"			

任务 1　BIM 概述

情境导入

目前 BIM 技术已经在全球范围内得到业界的广泛认可，BIM 技术在中国也进入了一个快速发展的时期，BIM 技术已经成为建筑行业不可或缺的一部分。在开始学习BIM 前，有必要了解 BIM 的特点、发展现状及其在工程造价管理中的应用。

一、BIM 的概念

BIM 的英文全称是 Building Information Modeling 或 Building Information Model，国内较为一致的中文翻译为：建筑信息模型。

建筑信息模型是指在建设工程及设施的规划、设计、施工以及运营维护阶段全寿命周期创建和管理建筑信息的过程，全过程应用三维、实时、动态的模型涵盖了几何信息、空间信息、地理信息、各种建筑组件的性质信息及工料信息。

美国国家 BIM 标准（NBIMS）对 BIM 的定义由三部分组成：

1. BIM 是一个设施（建设项目）物理和功能特性的数字表达；

2. BIM 是一个共享的知识资源，是一个分享有关这个设施的信息，为该设施从建设到拆除的全生命周期中的所有决策提供可靠依据的过程；

3. 在项目的不同阶段，不同利益相关方通过在 BIM 中插入、提取、更新和修改信息，以支持和反映其各自职责的协同作业。

由此可见，BIM（建筑信息模型）不是简单地将数字信息进行集成，而是一种数字信息的应用，并可以用于设计、建造、管理的数字化方法。这种方法支持建筑工程的集成管理环境，可以使建筑工程在其整个进程中显著提高效率、大量减少风险。

二、BIM 的特点

1. 可视化模型

各种平立面图、3D 模型都可以由 BIM 模型画出，BIM 软件所建立的 3D 立体模型即为设计结果，它们都是相互关联的。在任何视图上对模型进行修改，其他不同视图中相关联的地方，软件也会自动做出同步修改，从而减少决策、设计、施工、运维等过程中的错误及返工，降低成本。

2. 参数化设计

BIM 是通过参数而不是数字建立和分析模型的，软件内建的柱、梁、墙等组件或是用户自行建立的模型组件都具有参数性质。全部采用参数化设计方式进行模型建立，整个建立过程就是不断新增和修改各种对象的参数，参数保存了图元作为数字化建筑构件的所有信息。当修改组件参数的信息，模型会一次性修正在模型中所有组件的变更。

3. 仿真性作业

BIM 的仿真性以建筑信息模型为基础，可应用于建筑的全生命周期。仿真性是基于 BIM 技术建筑师在设计过程中赋予所创建的虚拟建筑模型大量建筑信息（几何信息、材料性能、构件属性等），然后将 BIM 模型导入相关性能分析软件，就可得到相应分析结果。如，在招标投标和施工阶段可以对施工进度、成本进行模拟，对施工方案模拟优化，从而确定合理的施工方案，并可以自动进行工程量计算、消除现场施工过程干扰或施工工艺冲突，有利于对工程工期、成本、质量的监控，达到缩短工期、减少成本、提高质量的效果。

4. 协同性设计

基于 BIM 的协同平台，把各专业、各领域的信息纳入平台之中，让项目参与各方共享之外，还可以将 BIM 平台扩展端口，结合全新的信息技术，例如云端、物联网、VR、射频技术等，通过搭建互联网，把信息技术与 BIM 相结合，形成 BIM＋。例如在设计时，由于各专业设计师之间的沟通不到位而出现各种专业之间的碰撞问题，这时可应用 BIM 技术进行碰撞检查，发现构件布置不当的地方，并进行修改协调建筑各构件布置，避免设计中出现错误，提高设计质量。

5. 优化性方案

现代建筑物的复杂程度大多超过参与人员本身的能力极限，BIM 及与其配套的各种优化工具提供了对复杂项目进行优化的可能。BIM 的优化性指设计过程中 BIM 的应用软件 Revit 可同时设计和保留多个设计方案，便于建设单位选择更好的设计方案。另外特殊项目的设计优化，如管线综合、裙楼、幕墙、屋顶、大空间等施工难度比较大和施工问题比较多的地方，对这些内容的设计施工方案进行优化，可以带来显著的工期和造价改进。

6. 信息输出多元

建筑信息模型建成后，根据不同需求，可将信息导出为多种形式。例如，为方便将图纸报有关部门进行审批，BIM 技术相关软件可出具传统的二维图纸、管线布置图、碰撞检查图、建议改进方案等，使二维图纸和三维模型很好地衔接。同时，也可以将模型中非图形数据信息以报告的形式输出，如设备表、构件统计表、工程量清单、成本分析等。对模型中的任何信息进行修改，都可在报告中即时、准确全面地反映，极大地提高了劳动效率。另外，BIM 技术相关软件之间有信息接口，可以方便地将模型导入其他软件，避免了重复建模。

三、BIM 的发展现状

我国于 2004 年左右开始接触到 BIM 概念，但最早的说法是 BLM，Building Lifecycle Management，即建筑业的生命周期管理。从 2013、2014 年开始，BIM 在中国进入了一个快速发展的时期，特别是 2015 年很多省市陆续发布了自己的 BIM 指南及一些相关文件，促进 BIM 的发展。我国目前正加强 BIM 在装配式建筑、绿色建筑、物联网方面的运用。

　　我国在《2016—2020 年建筑业信息化发展纲要》中指出：BIM 技术的研发与应用正在稳步探索中，自"十一五"以来，BIM 概念逐渐在建筑行业得到广泛支持。BIM 的重要性已在业界得到充分认可，并被视为是支持建筑行业工业化、现代化的关键技术。这个指导意见对于 BIM 的发展具有相当大的扶持力度，等同于将 BIM 从一个推荐性的技术变成一个强制性的标准。

四、BIM 在工程造价管理中的应用

　　BIM 技术是一种应用于工程设计建造管理的数据化工具，通过参数模型整合各种项目的相关信息，可以用于规划设计控制管理、建筑设计控制管理、招标投标控制管理、造价控制、质量控制、进度控制、合同管理、物资管理、施工模拟等全流程智能控制，在提高生产效率、节约成本和缩短工期方面发挥重要作用，如图 1.1.1 所示。

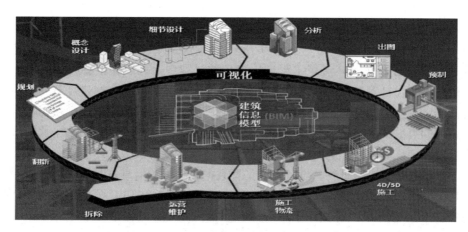

图 1.1.1　BIM 在全过程造价管理中的应用

　　1. BIM 在投资决策阶段的应用

　　投资决策阶段是建设项目最关键的一个阶段，需要各方对项目的可行性、合理性以及项目所需要的投资做出科学的、严谨的、切实可行的评估与决策。通常投资决策阶段对项目工程造价的影响高达 80％～90％，利用 BIM 技术，建立 BIM 数据信息模型，对工程是否可行、项目需要投入的资金进行量化分析，也可以比较精确地预估不可预见费用，减少风险，从而更加准确地确定投资估算。在进行多方案比选时，还可通过 BIM 进行方案的造价对比，以此为参考，为决策阶段提供更科学、更可靠的数据，选择更合理的方案。

　　2. BIM 在设计阶段的应用

　　设计阶段对整个项目工程造价管理有十分重要的影响。运用 BIM 技术能够有效提高建筑工程设计的质量和效率。相关数据显示，BIM 技术在项目总成本中占据着 3％的分量，但对总的项目成本影响力大于 70％，在造价管理中发挥着不可替代的作用。在设计阶段使用的主要措施是限额设计，运用 BIM 技术，需要审查建筑信息模型的图纸，分析信

息输出参数，进行模拟试验，解决建筑设计质量问题等。在各种手段相互配合之下，增强设计的科学性与合理性，为提高整个工程的质量奠定良好的基础。通过 BIM 模型，各参与方可以在早期介入建设工程中。完成建设工程设计图纸后，将图纸内的构成要素通过 BIM 数据库与相应的造价信息相关联，实现限额设计的目标。通过它可以对工程变更进行合理控制，确保总投资不增加。

3. BIM 在招标投标阶段的应用

项目招标阶段造价管理对整体管理效果起着关键性的影响。在项目招标管理中，为了使建设管理的运行能力得到有效提升，不断优化工程造价管理质量，需要严格控制对应的招标管理元素。BIM 技术的推广与应用，极大地促进了招标投标管理的精细化程度和管理水平。招标单位通过 BIM 模型可以准确计算出招标所需的工程量，编制招标文件，最大限度地减少施工阶段因工程量问题产生的纠纷。投标单位的经济标是基于较为准确的模型工程量清单基础上制订的，同时可以利用 BIM 模型进一步完善施工组织设计，进行重大施工方案预演，做出较为优质的技术标，从而综合有效地制订本单位的投标策略，提高中标率。

4. BIM 在施工阶段的应用

建设工程的施工时间较长，并且存在着一系列不确定因素，会在一定程度上影响项目成本管理。在应用 BIM 技术进行工程造价管理的过程中，可以将招标投标文件、工程量清单、进度审核预算等进行汇总，便于成本测算和工程款的支付。在进度款支付时，往往会因为数据难统一而花费大量的时间和精力，利用 BIM 技术中的 5D 模型可以直观地反映不同建设时间点的工程量完成情况，并及时进行调整。另外，利用 BIM 技术的虚拟碰撞检查，可以在施工前发现并解决碰撞问题，有效地减少变更次数，控制工程成本，加快工程进度。审计人员可以将材料、设备、人员等数据和相关的信息技术等进行详细录入，并采取合适的方式进行科学准确的分析与计算，最后进行总结和汇报，形成一个完整的体系，发挥出 BIM 技术的系统性作用。

5. BIM 在竣工验收阶段的应用

BIM 技术的应用在项目竣工阶段是非常必要的。传统模式下的竣工验收阶段，造价人员需要核对工程量，重新整理资料，计算细化到柱、梁，并且由于造价人员的经验水平和计算逻辑不尽相同，会出现信息不完整、图纸不到位、结算环节失误等现象，使工程造价管理效率大大降低，从而在对量过程中经常产生争议，影响最终的经济效益。BIM 模型可将前几个阶段的量价信息进行汇总，真实完整地记录此过程中发生的各项数据，强化数据分析与信息检索的能力，在节约时间的基础上，提高工程结算效率并更好地控制建造成本，使施工项目成本控制管理工作的效率得到明显提高。

五、BIM 在造价方面的应用价值

工程造价管理一直以来都是工程管理中的难点之一，变革造价工程管理软件，是工程造价中引入的一种新的概念和一种新的思维方式，而 BIM 技术以全新三维模型为项目信息载体，可更加高效、准确、快速地获得各类造价信息，提升工程造价管理水平，实现对建筑项目的周期化信息管理，提升整体行业效率，具有极高的应用价值。

（1）BIM 的应用全面提升工程造价行业效率与信息化管理水平

没有采取 BIM 技术之前，工程造价主要是依靠着人工进行，数据非常复杂，计算起来非常耗费时间，而且准确性不稳定，也在一定程度上增加了工程的成本。而 BIM 技术运用软件能高效率、高精准度地完成工程量计算工作，也能快速准确地对整个工程进行分析，提高了工作效率，更方便历史数据的积累和共享。总之，BIM 的出现给造价的方式带了巨大的变化。

（2）BIM 的应用可以减少设计变更，降低不必要的工程成本

在以往的工程造价过程中，设计变更严重影响到工程的造价。BIM 技术的应用实现了工程之间数据和信息的相互共享，这样可以充分发挥大家的才能，综合大家的设计观点，对工程的每一项设计进行合理化分析，从而帮助设计人员更好地对工程整体使用的技术进行研究，运用更加节能的设计，从根本上提高整个工程的性能，节约工程成本。通过 BIM 技术还可以对设计方案进行分析，避免设计浪费，减少因不合理设计引起的设计变更，降低工程的造价，创造出更多的经济利润。

（3）BIM 的应用有利于节约施工阶段的工程成本

没有采用 BIM 技术之前，工程的造价都是根据经验进行计算，并且直接应用于工程的施工过程中，出现问题时无法进行及时的调整，这样就使得如果出现偏差，只能按照偏差进行修改，不但影响整个工程的工期，还会造成工程成本的增加。采用 BIM 技术，就可以通过软件建立工程的施工模型，可以对工程的施工过程进行模拟，可以更加直观地看到施工的全过程，从而观察出工程施工过程中是否存在不合理的地方，及时采取措施进行调整，节约工程造价，提高工程效率。

（4）BIM 的应用有助于节约运营阶段的工程成本

运营阶段的造价也占据着工程造价中重要的一部分，其中一些工程中需要的数据还要靠人工进行收集和整理，虽然现代计算机技术发展迅速，工作效率有了很大提高，但整个过程中还需要许多人进行配合和处理，这就占据着大量的人力，给工程的人工成本带来巨大的压力。BIM 技术的应用能够给工程运营阶段提供详细的数据，并且能够对这些数据进行处理，达到我们对数据的要求，为工程的运行保驾护航。由此可见，BIM 技术的应用对于工程的运营阶段有着至关重要的作用，能够帮助我们节约工程的成本，降低工程的造价。

（5）BIM 的应用有利于工程造价的整体管理

现阶段工程造价管理分为较多阶段，每一个阶段都有自己的工程造价，都进行造价的控制和管理，从而得到整体工程的造价。但各阶段的造价师都是相互独立的，无法进行各项数据的相互沟通。BIM 的应用可以把信息进行集合，方便造价人员间的相互沟通和协调，而且每个阶段和过程中的造价变得透明化，方便对整个工程造价每个环节的整体管理，为工程的造价提供可靠的保证。

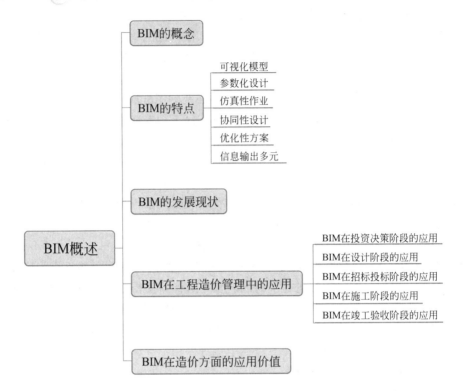

BIM概述
- BIM的概念
- BIM的特点
  - 可视化模型
  - 参数化设计
  - 仿真性作业
  - 协同性设计
  - 优化性方案
  - 信息输出多元
- BIM的发展现状
- BIM在工程造价管理中的应用
  - BIM在投资决策阶段的应用
  - BIM在设计阶段的应用
  - BIM在招标投标阶段的应用
  - BIM在施工阶段的应用
  - BIM在竣工验收阶段的应用
- BIM在造价方面的应用价值

任务 2　BIM 算量基础　工作页

学习任务 2	BIM 算量基础	建议学时	1
学习目标	1. 了解 BIM 算量的基本原理； 2. 认识 BIM 软件算量操作流程； 3. 熟悉 BIM 点、线、面的绘制； 4. 在理论中增强 BIM 工作的文化素养		
任务描述	本任务是熟悉 BIM 算量的基本原理，通过建筑模型进行工程量的计算，并介绍广联达 BIM 土建计量平台 GTJ2021，供各阶段计量使用，通过云数据协同应用，认识 BIM 软件算量操作流程，了解 BIM 软件绘图学习的重点，如软件中构件的图元形式和常用的绘制方法		
学习过程	引导性问题 1：工程设置包括＿＿＿＿＿设置、＿＿＿＿＿＿设置和＿＿＿＿＿＿设置三大部分。 引导性问题 2：建立模型有两种方式：第一种是通过＿＿＿＿＿＿＿，第二种是通过＿＿＿＿＿＿＿。 引导性问题 3：工程实际中的构件按照图元形状可以分为＿＿＿状构件、＿＿＿状构件和＿＿＿状构件。 引导性问题 4：点状构件包括＿＿＿＿＿、＿＿＿＿＿、＿＿＿＿＿、＿＿＿＿＿、＿＿＿＿＿＿等。 引导性问题 5：线状构件包括＿＿＿＿、＿＿＿＿、＿＿＿＿等。 引导性问题 6：面状构件包括＿＿＿＿、＿＿＿等。		
知识点归纳	见任务小结思维导图		
课后要求	1. 复习"任务 2　BIM 算量基础"的相关内容； 2. 预习"任务 3　BIM 算量准备"		

任务 2　BIM 算量基础

情境导入

　　本任务是熟悉 BIM 算量的基本原理，通过建筑模型进行工程量的计算，并介绍广联达 BIM 土建计量平台 GTJ2021，供各阶段计量使用。通过云数据协同应用，认识 BIM 软件算量操作流程，了解 BIM 软件绘图学习的重点，如软件中构件的图元形式和常用的绘制方法。

一、基本原理

基本
原理

　　建筑工程量的计算是一项繁重的工作，算量工具也随着信息化技术的发展，经历了算盘、计算器、计算机表格、计算机建模等几个阶段。如今我们采用的是通过建筑模型进行工程量的计算。

　　图形算量软件融合绘图和 CAD 识图功能为一体，内置各地区计算规则，只需要按图纸提供的信息定义好构件的属性，就能由软件按照设置好的清单定额规则，自动扣减构件，计算出精确的工程量结果，使枯燥复杂的手工劳动变得轻松并富有趣味。其算量平台中，利用图形搭好的框架，自动完成钢筋的工程量计算。软件算量并不是完全抛弃手工算量的思想，而是将手工的思路完全内置在软件中，将过程利用软件实现，依靠已有的计算扣减规则，利用计算机这个高效的运算工具快速、完整地计算出所有的细部工程量。一站式平台（图 1.2.1），供个人结算计量使用，并可以通过云数据协同应用。

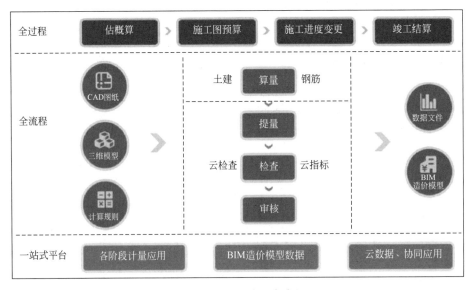

图 1.2.1　一站式平台介绍

二、软件算量操作流程

在手工预算中，我们习惯先算地下再依次往上算。而采用软件进行计算时，我们一般先算地上的主体结构，再算屋面结构、室外零星，最后再计算地下部分。

1. 分析图纸

拿到图纸后应先分析图纸，熟悉工程建筑结构图纸说明，进行图纸业务 分析，正确识读图纸。

例如：结构设计总说明→基础平面图及其详图→柱子平面布置图及柱表→梁平面布置图→板平面布置图→楼梯结构详图。

2. 新建工程/打开文件

启动软件后，会出现新建工程的界面，左键单击即可。如果已有工程文件，可直接单击打开文件，详细步骤见任务 3"新建工程"部分内容。

3. 工程设置

工程设置包括基本设置、土建设置和钢筋设置三大部分。在基本设置中可以进行工程信息完善和楼层设置；在土建设置中可以进行计算设置和计算规则设置；在钢筋设置中可以进行计算设置、比重设置、弯钩设置、损耗设置和弯曲调整值设置。

4. 建立模型

建立模型有两种方式：第一种是通过手工绘制；第二种是通过 CAD 识别。手工绘制包括定义属性、套用做法及绘制图元。CAD 识别包括识别构件和识别图元。在建模过程中，可以通过建立轴网→建立构件→设置属性/做法套用→绘制构件完成建模。轴网的创建可以为整个模型的创建确定基准，建立构件包括柱、墙、门窗洞、梁、板、楼梯、装修、土方、基础等构件的创建。创建出的构件需要设置属性，并进行做法套用，包括清单项目和定额子目的套用。

最后，在绘图区域将构件绘制到相应的位置即可完成建模。

5. 云检查

模型绘制好后可以进行云检查，软件会从业务方面检查构件图元之间的逻辑关系。

6. 汇总计算

云检查无误后，进行汇总计算，计算钢筋和土建工程量。

7. 查量

汇总计算后，查看钢筋和土建工程量，包括查看钢筋三维显示、钢筋及土建工程量的计算式。

8. 查看报表

最后是查看报表，包括钢筋报表和土建报表。

三、软件绘图学习的重点：点、线、面的绘制

通过绘图建立模型的方式来进行工程量的计算，构件图元的绘制是软件使用中的重要部分。对绘图方式的了解是学习软件算量的基础，下面概括介绍软件中构件的图元形式和

常用的绘制方法。

1. 构件图元的分类

工程实际中的构件按照图元形状可以分为点状构件、线状构件和面状构件。

（1）点状构件包括柱、门窗洞口、独立基础、桩、桩承台等。

（2）线状构件包括梁、墙、条基等。

（3）面状构件包括现浇板、筏板等。

不同形状的构件，有不同的绘制方法。对于点状构件，主要是"点"画法；对于线状构件，可以使用"直线"画法和"弧线"画法，也可以使用"矩形"画法在封闭的区域绘制；对于面状构件，可以使用"直线"绘制边来围成面状图元的画法，也可以使用"弧线"画法及"点"画法。

软件绘图
学习重点

下面主要介绍一些最常用的"点"画法和"直线"画法。

2. "点"画法和"直线"画法

（1）"点"画法

"点"画法适用于点状构件（如柱）和部分面状构件（如现浇板），其操作方法如下：

在"构件工具条"选择一种已经定义的构件，如 KZ1，如图 1.2.2 所示，在"建模"选项卡下的"绘图"面板中选择"点"，在绘图区，用鼠标左键单击一点作为构件的插入点，完成绘制。

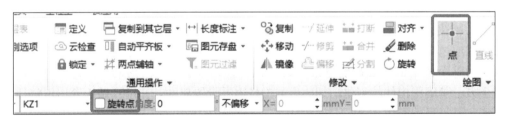

图 1.2.2　软件操作功能界面

【说明】

① 选择了适用于点式绘制的构件之后，软件会默认为点式绘制，直接在绘图区域绘制即可。

② 对面状构件的点式绘制（如房间、板、雨篷等），必须在有其他构件（如梁和墙）围成的封闭空间内才能进行点式绘制。

③ 面式垫层的点绘可以选中集水坑、柱墩、后浇带图元进行垫层布置。

④ 对于柱、板洞、独基、桩、桩承台等构件，在插入之前，按"F3"键可以进行左右镜像翻转，按"Shift＋F3"键可以进行上下镜像翻转，按"F4"键可以改变插入点；按下"Shift 键＋单击鼠标左键"弹出如图 1.2.3 所示的界面，输入偏移值后，单击"确定"按钮即可。输入 X、Y 轴方向偏移值时可以输入四则运算表达式。

图 1.2.3　输入偏移量

（2）"直线"画法

"直线"绘制主要用于线状构件（如梁和墙），当需要绘制一条或多条连续直线时，可以采用绘制"直线"的方式，其操作方法如下：

① 在"构件工具条"中选择一种已经定义好的构件，如外墙（180）。

② 在"建模"选项卡下的"绘图"面板中选择"直线"，如图 1.2.4 所示。

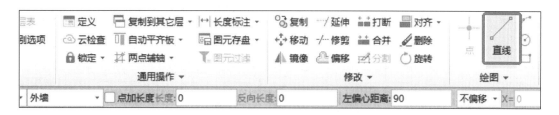

图 1.2.4　直线绘制

③ 用鼠标点取第一点，再点取第二点即可画出一道墙，再点取第三点，就可以在第二点和第三点之间画出第二道墙，以此类推。这种画法是系统默认的画法。软件默认按中心线绘制，完成一面墙体绘制后，点击鼠标右键中断，然后再到新的轴线绘制起点，继续完成墙体类的其他线形构件，如图 1.2.5 所示。

直线绘制现浇板等面状图元时，采用和直线绘制墙同样的方法，不同的是要连续绘制，使绘制的线围成一个封闭的区域，形成一块面状封闭图元后再点击鼠标右键结束。绘制结果如图 1.2.6 所示。

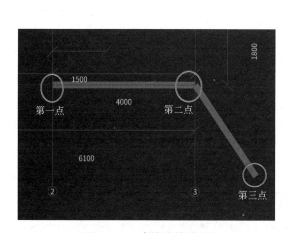

图 1.2.5　直线连续绘图

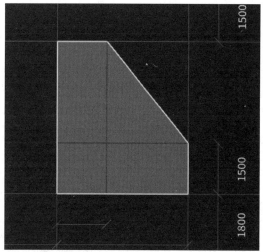

图 1.2.6　直线功能绘制板

其他绘制方法，可参考软件内置的"F1 帮助文档"中的相关内容（此功能需连接网络）。

了解了软件中构件的形状分类，学会主要的绘制方法，就可以快速地通过绘图功能进行构件的建模，进而完成构件的工程量计算。

任务小结

任务3　BIM 算量准备　工作页

学习任务 3	BIM 算量准备	建议学时	2
学习目标	1. 了解软件各部分操作界面功能及操作位置; 2. 正确选择清单与定额规则,以及相应的钢筋规则; 3. 正确设置室内外高差,正确进行工程信息输入; 4. 正确定义楼层及统一设置各类构件混凝土强度等级,并进行工程计算设置; 5. 按图纸定义绘制轴网; 6. 增强学生的认真、仔细、耐心的能力		
任务描述	查阅广州市某教师公寓楼工程项目施工图,熟悉工程概况。下载广联达 BIM 土建计量平台 GTJ2021 软件,熟悉软件操作界面,会正确选择清单与定额规则,以及相应的钢筋规则,准确设置室内外高差、楼层标高、混凝土强度等级及绘制轴网		
学习过程	引导性问题1:页签栏有六大模块,分别是_____、_____、_____、_____、_____、_____。 引导性问题2:工程设置包括_____设置、_____设置和_____设置三大部分。 引导性问题3:"基本设置"里面有两大块内容,分别是_____和_____。 引导性问题4:"土建设置"里面有两大块内容,分别是计算_____和计算_____。 引导性问题5:"钢筋设置"里面有四大块内容,分别是_____设置、_____设置、_____设置、_____设置。 引导性问题6:"视图"主要是界面管理,一共包括四大块功能按钮,分别是_____、_____、_____、_____等。 引导性问题7:"工具"界面一共包括 6 大模块,分别是_____、_____、_____、_____等。		
知识点归纳	见任务小结思维导图		
课后要求	1. 复习"任务 3　BIM 算量准备"的相关内容; 2. 熟悉软件操作界面并做好算量准备		

任务 3   BIM 算量准备

 情境导入

    本任务是根据《教师公寓楼》工程项目施工图，采用广联达 BIM 土建计量平台 GTJ2021 软件进行工程建模计量。以熟悉软件操作界面为主要目的，能够正确选择清单与定额规则，以及相应的钢筋规则，设置室内外高差，定义楼层及统一设置各类构件混凝土强度等级，按图纸定义绘制轴网。

一、熟悉软件操作界面

    在页签栏有九大模块，分别是开始、工程设置、建模、视图、工具、工程量、云应用、协同建模、IGMS，如图 1.3.1 所示，以下分别介绍主要模块操作界面及功能作用。

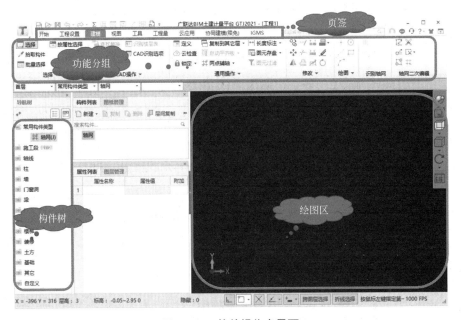

图 1.3.1 软件操作主界面

（一）开始界面

    "开始"界面主要用于工程新建及打开最近文件工程。在联网状态下，可以登录云账号，下载"云文件"实现云端共享及协同工作（离线模式下此功能不可用）。由于软件不支持同时打开多个工程，因此需要保存关闭当前工程才能打开第二个工程，操作界面如图 1.3.2 所示。

图 1.3.2 开始

（二）工程设置界面

"工程设置"一共分三大块，分别是基本设置、土建设置、钢筋设置，工程设置相当于软件的内核，把各地定额规则、说明、平法、规范都内置到软件里，所以非常重要，如图 1.3.3 所示。

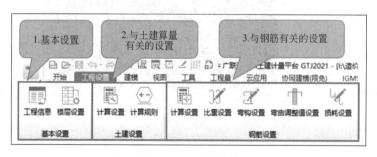

图 1.3.3 工程设置

1. 基本设置

"基本设置"里面有两大块，分别是工程信息和楼层设置。其中檐高、结构类型、抗震等级、设防烈度、室外地坪标高、混凝土强度等级、保护层厚度等对钢筋的影响都比较大，需要认真按图修改。

2. 土建设置

"土建设置"也包括两大块内容，分别是计算设置和计算规则，与扣减有关系的内容都放在计算规则模块里，计算规则以外的内容，都放在计算设置模块里。比如土方开挖工作面、模板超高、支模夹角等内容都放在计算设置里。各地定额规定都放在这两个模块内，规范要求及规定都可以在这里找到。

3. 钢筋设置

"钢筋设置"包括五大块内容,分别是计算设置、比重设置、弯钩设置、弯曲调整值设置及损耗设置。计算设置内容相当丰富,平法图集的所有内容都在这里内置,包括五部分内容,分别是计算规则、节点设置、箍筋设置、搭接设置、箍筋公式等。钢筋的长度根数相关条件,都在这个界面调整。各个版本的平法图解节点也都能在这里找到。

软件汇总结果计算出所有的箍筋,都与这个界面内容有关,只是这个界面隐藏在背后,一般我们不太注意,但却是准确计量的关键。

(三)建模界面

"建模"就是绘图,其界面如图 1.3.4 所示,画图、导图、修改、选择功能都可以在这里找到。

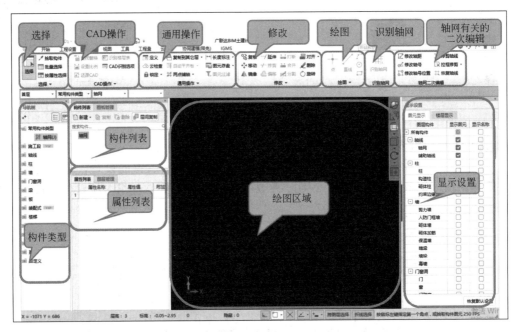

图 1.3.4 建模

(四)视图界面

"视图"主要是界面管理,一共包括四大块功能按钮,分别是选择、三维操作、常用操作、界面管理,如图 1.3.5 所示。用户面板对应的箭头区域,如不小心关闭了需要的操作界面,可以在这里找回。

(五)工具界面

"工具"界面功能也非常强大,很多平时找不到的功能,都可以在这里找到。一共包括六大模块,分别是选择、选项、临时记录、计算器、测量工具、钢筋维护等,如图 1.3.6 所示。

1. 文件保存设置

打开"选项"里面就有很多功能,比如软件多长时间保存一次,你做的工程保存在什么地方,都在这里设置,如图 1.3.6 所示。

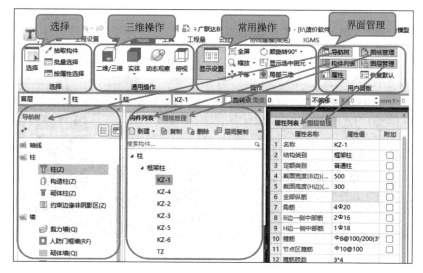

图 1.3.5　视图

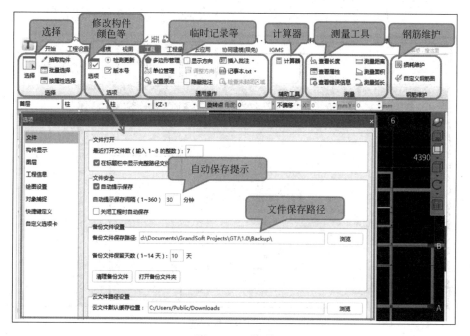

图 1.3.6　选项

2. 通用操作

在"通用操作"中，勾选"显示方向"可以显示线形构件绘制的方向，此功能也可用键盘上的"shift＋～"完成显示与隐藏。"记事本"功能非常有用，可以记录做工程过程中的一些争议或者暂时未完成的内容，同时支持三种格式的文本。如图 1.3.7 所示。

（六）工程量界面

"工程量"主要呈现软件汇总结果，软件给出七个功能，如图 1.3.8 所示。

（七）云应用界面

在"云应用"中，软件给出了两大模块功能，一个是汇总计算，另一个是工程审核。

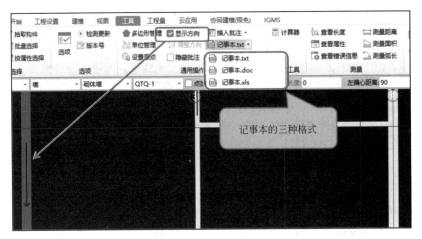

图 1.3.7 通用操作

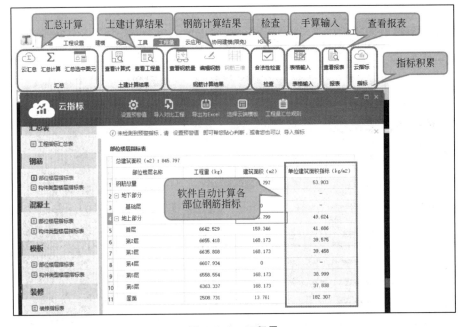

图 1.3.8 工程量

工程审核中的云检查功能特别强大，可以制定检查，也可以反查到画图阶段。关于云检查，比如过去经常出错的地方，可以提前预制成检查项目，还可以设置检查预值，超过这个预值，软件就通不过，在实战中不断摸索，避免做的工程出现常识性低级错误。如图 1.3.9 所示。

　　（八）协同建模界面

　　"协同建模"功能为云协同，是利用云计算、云存储等技术，结合广联达造价云平台的企业项目管理能力，与广联达 GTJ2021 的 BIM 算量能力，协助客户管理协同项目，实现云端在线协同建模，大大提高建模效率，缩短项目周期。此功能需企业账户方可使用，如图 1.3.10 所示。

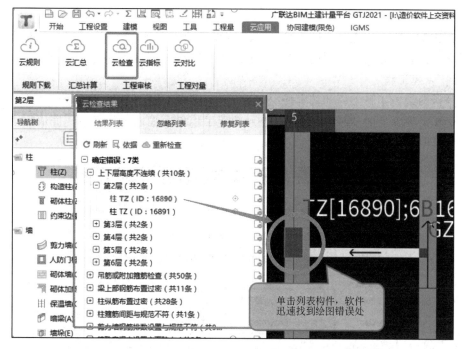

图 1.3.9　云应用

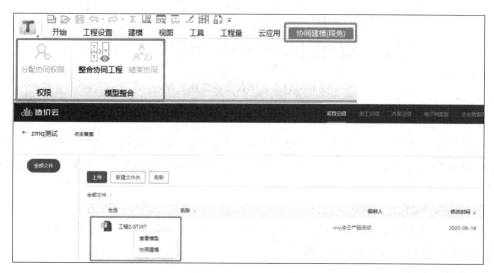

图 1.3.10　协同建模

（九）导出 IGMS

IGMS 为 BIM 交互文件格式，可以导入广联达 BIM5D 软件中。通过 BIM5D 的进度信息控制和成本造价控制实现施工现场预测及管理。

二、新建工程

根据《教师公寓楼》工程图纸，在软件中完成新建工程的各项设置。

（一）分析图纸

在新建工程前，应先分析图纸中的"结构设计总说明"，本工程采用《混凝土结构施工图平面整体表示方法制图规则和构造详图》16G101，软件算量要依照此规定。

（二）新建工程

在分析图纸、了解工程的基本概况之后，启动软件，进入软件开始界面"新建工程"，鼠标左键单击界面上的"新建工程"，进入新建工程界面输入工程信息，完成后点击"创建工程"，即可完成工程的新建，如图 1.3.11 所示。

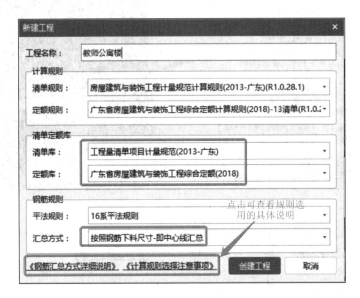

图 1.3.11　教师公寓楼新建工程

1. 计算规则

规则中包含加密锁可使用的规则权限，此处以广东省规则为例，选择"房屋建筑与装饰工程计量规范计算规则（2013-广东）""广东省房屋建筑与装饰工程综合定额计算规则（2018）"。

2. 清单定额库

清单库为"工程量清单项目计量规范（2013-广东）"，定额库需手动选择"广东省房屋建筑与装饰工程综合定额（2018）"。

3. 钢筋规则

平法规则选择"16 系平法规则"，汇总方式按各地区要求，广东省汇总方式按 18 定额要求，选择"中心线汇总"方式。

（三）计算设置

新建工程完成后，进入软件"工程设置"界面，分别对基本设置、土建设置、钢筋设置进行修改。

1. 基本设置

在基本设置中进行工程信息修改，单击"工程信息"，出现"工程信息"设置界面，并依据《教师公寓楼》图纸结构说明查找以下方框中的内容（方框中内容影响工程量计算，其余内容只起到标示作用，不影响工程量），完成信息填写，如图 1.3.12 所示。

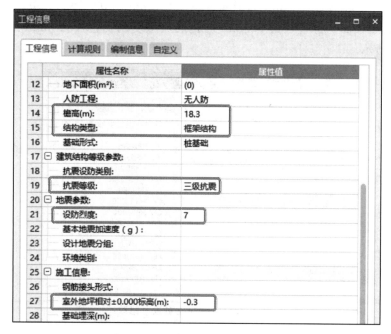

图 1.3.12　教师公寓楼工程信息

2. 土建设置

土建规则在前面"创建工程"时已选择，一般情况下不需要修改。

3. 钢筋设置

"计算设置"修改：

（1）根据图纸结构说明：本工程板分布筋采用 φ6@200，选择"板"，修改"板分布筋配置"，如图 1.3.13 所示。分布筋配置可以按"所有的分布筋相同"统一设置分布筋信息，也可以按照"同一板厚的分布筋相同"按照板厚分别输入分布筋信息。

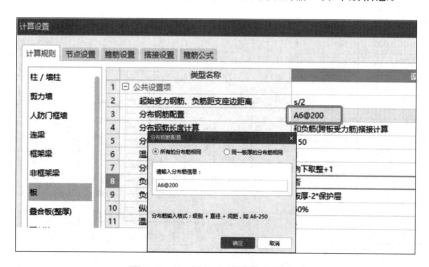

图 1.3.13　板分布筋计算规则修改

（2）比重设置修改：市面上直径 6mm 的钢筋较少，一般采用 6.5mm 的钢筋替换，因此工程设置中，将直径为 6mm 的钢筋替换为 6.5mm 的理论重量。单击比重设置，进入"比重设置"界面。将直径为 6.5mm 的钢筋比重复制到直径为 6mm 的钢筋比重中，如图 1.3.14 所示。

图 1.3.14　钢筋比重设置修改

三、新建楼层

根据《教师公寓楼》工程图纸，在软件中完成新建工程的楼层设置。

（一）分析楼层

根据结构说明：找到楼层标高表，本工程结构板顶标高为 ±0.000～3.000m，层高均为 3m。由于图纸未标出基层高度，因此需要查找基础图纸，计算基础底标高为 −1.5m，基础层层高 1.5m。如图 1.3.15 所示。

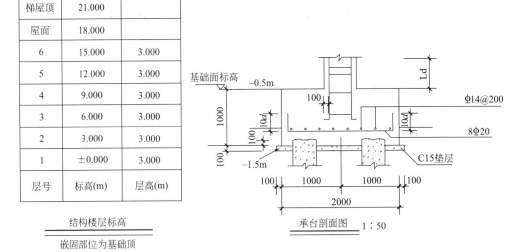

梯屋顶	21.000	
屋面	18.000	
6	15.000	3.000
5	12.000	3.000
4	9.000	3.000
3	6.000	3.000
2	3.000	3.000
1	±0.000	3.000
层号	标高(m)	层高(m)

结构楼层标高

嵌固部位为基础顶

图 1.3.15　图纸楼层标高表

（二）新建楼层

1. 单击"楼层设置"，设置本工程楼层标高，修改层高后如图 1.3.16 所示。

楼层列表（基础层和标准层不能设置为首层，设置首层后，楼层编码自动变化，正数为地上层，负数为地下层，基础层编码固定为 0）

🔲 插入楼层　🗙 删除楼层　⬆ 上移　⬇ 下移

首层	编码	楼层名称	层高(m)	底标高(m)	相同层数	板厚(mm)	建筑面积(m2)
☐	7	屋面	3	18	1	120	(0)
☐	6	第6层	3	15	1	120	(0)
☐	5	第5层	3	12	1	120	(0)
☐	4	第4层	3	9	1	120	(0)
☐	3	第3层	3	6	1	120	(0)
☐	2	第2层	3	3	1	120	(0)
☑	1	首层	3	0	1	120	(0)
☐	0	基础层	1.5	-1.5	1	500	(0)

图 1.3.16　楼层设置

（1）鼠标定位在首层，单击"插入楼层"，则插入地上楼层。鼠标定位在基础层，单击"插入楼层"，则插入地下室。按照楼层表修改层高。

（2）首层的结构底标高输入为 0m，层高输入为 3m。鼠标左键选择首层所在的行，单击"插入楼层"，添加第 2 层，2 层高输入为 3m。

（3）按照建立 2 层同样的方法，建立屋面层，屋面层不超出 3m 的结构，则可以不需要修改层高。

（4）修改基础层层高，由于基础底标高为 -1.5m，首层底标高为 0m，基础层层高 1.5m。

2. 混凝土强度等级及保护层厚度修改

在"结构说明"中找到混凝土强度等级、保护层厚度及砂浆强度，修改相关信息。在结构说明中提到砌块墙体、砖墙都为 M5 水泥砂浆砌筑，修改砂浆标号为 M5，砂浆类型为水泥砂浆。保护层依据结施说明依次修改即可，修改时连括号一起删除，修改后如图 1.3.17 所示。

	抗震等级	混凝土强…	…	砂…	砂浆…	H…	…	…	…	…	…	…	…	保护层厚度(mm)
垫层	(非抗震)	C15	…	M…	水泥…	(39)	(…	(…	(…	(…	(…	(…	(…	(25)
基础	(三级抗震)	C30	…			(32)	(…	(…	(…	(…	(…	(…	(…	(40)
基础梁/承台梁	(三级抗震)	C30	…			(32)	(…	(…	(…	(…	(…	(…	(…	(40)
柱	(三级抗震)	C30	…	M…	水泥…	(32)	(…	(…	(…	(…	(…	(…	(…	30
剪力墙	(三级抗震)	C30	…			(32)	(…	(…	(…	(…	(…	(…	(…	(15)
人防门框墙	(三级抗震)	C30	…			(32)	(…	(…	(…	(…	(…	(…	(…	(15)
暗柱	(三级抗震)	C30	…			(32)	(…	(…	(…	(…	(…	(…	(…	(15)
端柱	(三级抗震)	C30	…			(32)	(…	(…	(…	(…	(…	(…	(…	(20)
墙梁	(三级抗震)	C30	…			(32)	(…	(…	(…	(…	(…	(…	(…	(20)
框架梁	(三级抗震)	C25	…			(36)	(…	(…	(…	(…	(…	(…	(…	(25)
非框架梁	(非抗震)	C25	…			(34)	(…	(…	(…	(…	(…	(…	(…	(25)
现浇板	(非抗震)	C25	…			(34)	(…	(…	(…	(…	(…	(…	(…	15
楼梯	(非抗震)	C25	…			(34)	(…	(…	(…	(…	(…	(…	(…	(25)
构造柱	(三级抗震)	C20	…			(41)	(…	(…	(…	(…	(…	(…	(…	(25)
圈梁/过梁	(三级抗震)	C20	…			(41)	(…	(…	(…	(…	(…	(…	(…	(25)
砌体墙柱	(非抗震)	C15	…	M…	水泥…	(39)	(…	(…	(…	(…	(…	(…	(…	(25)
其它	(非抗震)	C25	…	M…	水泥…	(34)	(…	(…	(…	(…	(…	(…	(…	(25)

图 1.3.17　楼层混凝土强度及锚固搭接设置

3. 首层修改完成后，单击左下角"复制到其他楼层"，选择其他所有楼层，单击"确定"按钮即可。如图 1.3.18 所示。

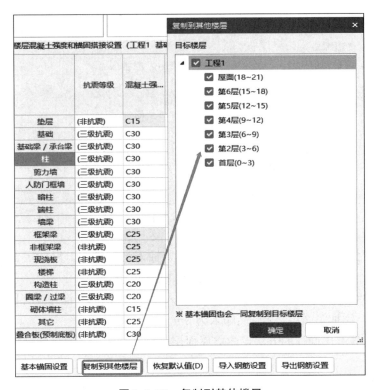

图 1.3.18 复制到其他楼层

四、建立轴网

根据《教师公寓楼》工程图纸，在软件中完成轴网的设置与绘制。楼层建立完毕后，切换到"绘图输入"界面。先建立轴网，施工时是用放线来定位建筑物的位置，使用软件做工程时则是用轴网来定位构件的位置。

（一）分析图纸

由首层平面图可知，该工程的轴网是简单的正交轴网。

（二）定义轴网

1. 切换到绘图输入界面之后，选择导航树中的"轴线"→"轴网"，单击"新建"→"新建正交轴网"，软件自动切换到轴网的定义界面。如图 1.3.19 所示。

2. 在"轴网-1"中选择"下开间"，在"常用值"下面的列表中选择要输入的轴距，双击鼠标左键即添加到轴距中；或者在添加按钮下的输入框中输入相应的轴网间距，单击"添加"按钮或回车即可。

3. 切换到"左进深"的输入界面，按照图纸从下到上的顺序，依次输入左进深的轴距。此时可以看到，右侧的轴网示意图已经显示出定义中的轴网，可以调整轴号、轴距和轴网级别，完成轴网的定义。如图 1.3.19 所示。

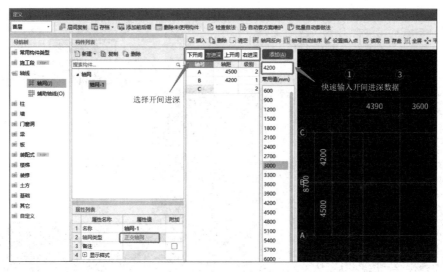

图 1.3.19　轴网定义

（三）轴网的绘制

1. 轴网定义完毕后，关闭定义界面，软件切换到绘图界面。

2. 此时会弹出"请输入角度"对话框，提示用户输入定义轴网需要旋转的角度。软件旋转角度接软件默认为"0"，本工程轴网为水平正交轴网，因此不需要旋转，单击"确定"按钮，如图 1.3.20 所示。完成后绘图区即可显示出定义好的轴网。

图 1.3.20　输入旋转角度

3. 如果只是输入下开间和左进深，轴网只显示单边轴线标记，如果要右进深和上开间轴号和轴距显示出来，可在"轴网二次编辑"中，单击"修改轴号位置"，按鼠标左键拉框选择所有轴线，按右键确定。弹出"修改轴号位置"窗口，选择"两端标注"，然后单击"确定"按钮。其余非主要轴线则可采用辅助轴线进行绘制，如图 1.3.21 所示。

（四）轴网的其他功能

1. 设置插入点：用于轴网拼接，可以任意设置插入点（不在轴线交点处或在整个轴网外都可以设置）。

2. 修改轴号和轴距：当检查到已经绘制的轴网信息有错误时，可以直接修改。

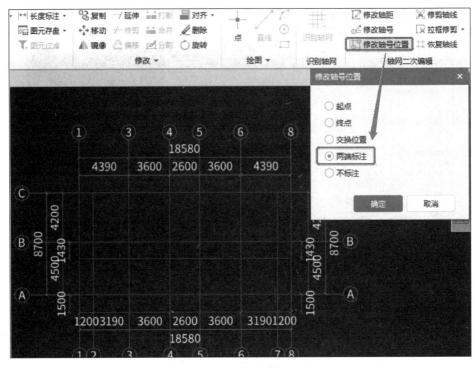

图 1.3.21　轴线二次编辑

3. 软件在"通用操作中"提供了辅助轴线的绘制功能,辅助轴线主要有两点、平行、三点等,用于构件辅助定位。任意构件都可以直接添加、删除辅轴,但编辑功能就只能回到"辅助轴线"构件中运用"辅助轴线二次编辑"进行修剪、打断等操作。如图 1.3.22 所示。

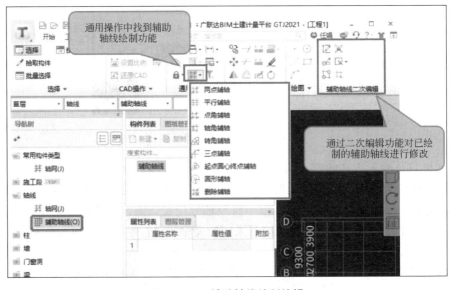

图 1.3.22　辅助轴线绘制编辑

任务小结

模块 2

Chapter 02

主体结构工程量计算

　　主体结构部分有钢筋混凝土柱、混凝土梁、混凝土板、门窗、圈梁、过梁及楼梯等。本模块主要指导如何区分主体构件属性，利用软件建模功能，通过定义构件、套用做法及绘制图元，完成主体结构土建及钢筋工程量的计算任务。

任务1　柱工程量计算　工作页

学习任务1		柱工程量计算	建议学时	8
学习目标		1. 掌握柱构件的属性分析； 2. 掌握柱构件的定义； 3. 掌握柱构件的做法套用； 4. 掌握柱构件的绘制； 5. 掌握柱工程量汇总； 6. 强化学生成为技能高手、大国工匠的意识		
任务描述		本任务是熟练掌握广联达 GTJ2021 柱模型构建和工程量汇总。依据《建设工程工程量清单计价规范》GB 50500—2013 的有关规定和广州市某教师公寓楼工程设计图纸和相关标准、规范、技术资料,《广东省房屋建筑与装饰工程综合定额(2018)》,广州市 2021 年 3 月信息价以及配套解释和相关文件等进行模型构建		
学习过程		引导性问题1:查阅《教师公寓楼》图纸,仔细阅读设计说明中的柱表,回答以下问题: (1)柱子的截面尺寸是多少? (2)柱子配筋情况,b 边、h 边以及箍筋信息是什么? (3)不同标高,柱截面尺寸和配筋信息是否有变化? (4)图中柱截面是否与轴线位置对称? 引导性问题2:根据《建设工程工程量清单计价规范》GB 50500—2013 写出混凝土柱的清单信息。 混凝土柱的清单编码是_____,项目特征有_____,计量单位为_____,混凝土柱计算规则是_____。 引导性问题3:如何绘制柱模型? 引导性问题4:如何查看柱工程量计算式? 引导性问题5:如何导出报表?		
知识点归纳		见任务小结思维导图		
课后要求		1. 复习"任务1　柱工程量计算"的相关内容； 2. 用软件构建《教师公寓楼》图纸柱模型并检查工程量是否正确		

任务 1　柱工程量计算

　　本案例为《教师公寓楼》工程，框架柱为钢筋混凝土柱，强度等级为 C25，现浇混凝土。本次任务为用软件完成首层柱构件的定义、绘制，并进行钢筋及土建工程量计算。

一、任务内容

　　本任务需要先了解柱的类型，通过读柱平面及柱表找到柱子数据。在软件中通过新建、属性定义、绘制完成工程量计算。

二、任务分析

　　本工程以矩形框架柱为主，在《教师公寓楼》结构图纸中，找到柱表查找柱的信息，本工程为混凝土框架柱，混凝土强度等级为 C25，采用商品混凝土现浇结构，截面尺寸和配筋信息如图 2.1.1 所示。

柱号	标　高	$b×h$	角筋	b侧中部筋	h侧中部筋	箍筋类型号 ($m×n$)	箍筋	备　注
KZ-1	±0.000~15.000	500×300	4Φ20	2Φ16	1Φ18	1　3×4	Φ8@100/200	核心节点区内箍筋为Φ10@100
	15.000~18.000	500×300	4Φ18	2Φ14	1Φ16	1　3×4	Φ8@100/200	
KZ-2	±0.000~15.000	500×300	4Φ20	2Φ16	1Φ18	1　3×4	Φ8@100/200	核心节点区内箍筋为Φ10@100
	15.000~18.000	500×300	4Φ18	2Φ14	1Φ16	1　3×4	Φ8@100/200	
KZ-3	±0.000~15.000	350×500	4Φ22	1Φ20	2Φ18	1　3×4	Φ10@100/200	
	15.000~20.500	350×500	4Φ18	1Φ18	2Φ16	1　3×4	Φ8@100/200	
KZ-4	±0.000~15.000	500×350	4Φ20	2Φ16	1Φ18	1　3×4	Φ10@100/200	
	15.000~18.000	500×350	4Φ18	2Φ14	1Φ16	1　3×4	Φ8@100/200	
KZ-5	±0.000~3.000	500×300	4Φ20	2Φ16	1Φ18	1　3×4	Φ10@100/200	
	3.000~18.000	500×300	4Φ18	2Φ14	1Φ16	1　3×4	Φ8@100/200	
KZ-6	±0.000~15.000	500×400	4Φ22	2Φ18	1Φ20	1　3×4	Φ10@100	
	15.000~20.500	500×400	4Φ18	2Φ16	1Φ18	1　3×4	Φ8@100	

图 2.1.1　柱表

三、任务流程

　　1. 进行柱构件的属性分析；
　　2. 进行柱构件的定义；

3. 套用柱构件的做法；

4. 进行柱构件的绘制；

5. 汇总计算工程量。

四、操作步骤

（一）柱的定义

1. 柱的定义

（1）在导航树中单击"柱"，在构件列表中单击"新建"→"新建矩形柱"，如图 2.1.2 所示。

（2）在属性列表中输入相应的属性值，箍筋间距"@"符号可以用"-"代替，如果有加密和非加密区，使用"/"隔开，输入为"A8-100/200"；核心节点区箍筋为"A10-100"，在"节点区箍筋"内输入；箍筋肢数"3 * 4"；柱类型"（中柱）"不用修改，去到顶层，在柱顶用"判别边角柱"功能自动区分。KZ-1 的属性定义如图 2.1.3 所示。

2. 柱的做法套用

柱构件新建好后，需要进行构件做法套用操作。套用做法是指构件按照计算地区规则，计算汇总出清单定额工程量。方便进行同类项汇总，同时与计价软件数据对接。本地区为广东地区，依据《建设工程工程量清单计价规范》GB 50500—2013、《广东省房屋建筑与装饰工程综合定额（2018）》对构件套用做法。可通过手动添加清单定额、查询清单定额库添加、查询匹配清单定额等功能添加实现。

在"通用操作"中单击"定义"，在弹出的"定义"界面中，单击"构件做法"→"添加清单"。可运用查询功能添加清单定额。如图 2.1.4 所示。

通过查询栏，查找清单库查找匹配清单及查询外部清单方式，进行添加清单，KZ-1 混凝土的清单项目编码为 010502001，KZ-1 模板的清单项目编码为 011702002（清单编码为 12 位，生成报表后软件会自动补充后三位自编码，此处无需添加）；通过查询定额库可以添加定额，正确选择对应定额项，蓝色为清单行，白色为定额行；软件会自动识别是否措施项目，在措施项目项进行勾选。KZ-1 的做法套用如图 2.1.5 所示。

图 2.1.2 新建矩形柱

	属性名称	属性值	附加
1	名称	KZ-1	
2	结构类别	框架柱	☐
3	定额类别	普通柱	☐
4	截面宽度(B边)(...	500	☐
5	截面高度(H边)(...	300	☐
6	全部纵筋		☐
7	角筋	4Φ20	☐
8	B边一侧中部筋	2Φ16	☐
9	H边一侧中部筋	1Φ18	☐
10	箍筋	Φ8@100/200(3*4)	☐
11	节点区箍筋	Φ10@100	☐
12	箍筋肢数	3*4	
13	柱类型	(中柱)	☐
14	材质	商品混凝土	☐
15	混凝土类型	(混凝土20石)	☐
16	混凝土强度等级	(C25)	☐
17	混凝土外加剂	(无)	☐
18	泵送类型	(混凝土泵)	☐
19	泵送高度(m)		
20	截面面积(m²)	0.15	☐
21	截面周长(m)	1.6	☐
22	顶标高(m)	层顶标高	☐
23	底标高(m)	层底标高	☐

图 2.1.3 KZ-1 属性

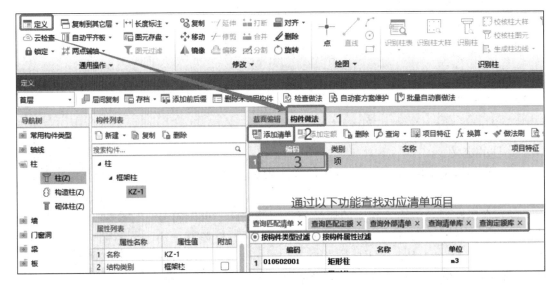

图 2.1.4　定义构件做法

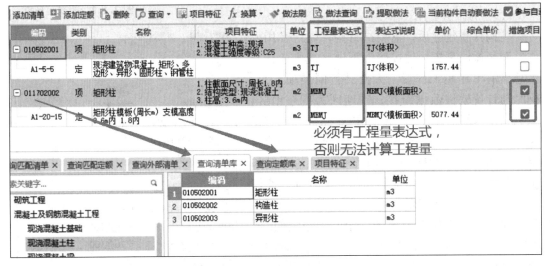

图 2.1.5　KZ-1 做法

　　无论是清单还是定额行，都必须有工程量表达式，否则软件无法根据添加的清单或定额规则计算工程量，如当前默认为无表达式，则点开下拉项进行选择。

　　如其余框架柱做法相同时，可采用"做法刷"，此功能可将做好的做法套用到其他新建的同类型构件。点击左上角方格，选择需要复制到其他构件的做法，点击"做法刷"，弹出做法刷界面，勾选同类构件，但是记得点"覆盖"。如图 2.1.6 所示。

　　(二)柱的绘制

　　1. 柱的绘制方法

　　柱的绘制方式以"点"画为主，在建模界面，单击绘图功能中的"点"功能绘制。

　　在"构件列表"中选择一个已经定义的构件，如：KZ-1，选择"点"画，找到构件的

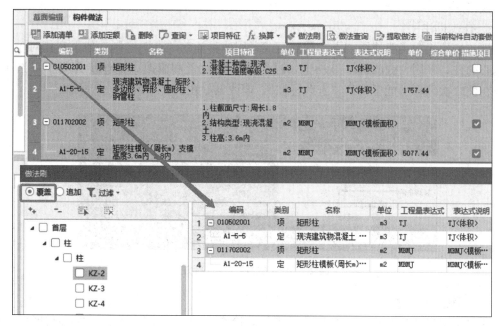

图 2.1.6　做法刷

位置点鼠标左键,如图 2.1.7 所示。

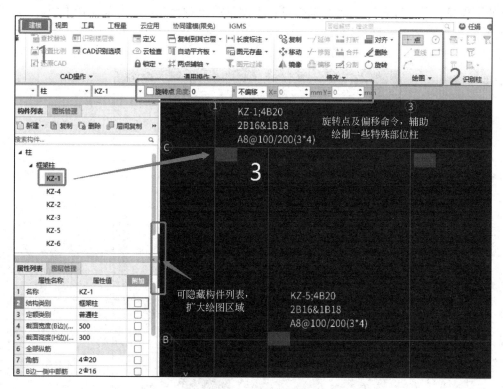

图 2.1.7　柱构件选择

注:柱信息检查:同时按键盘"Shift+Z"(柱名称显示或隐藏)、"Z"(柱构件显示

或隐藏）。

2. 查改标注

框架柱的绘制主要使用"点"绘制，或者用偏移辅助"点"绘制。如果有相对轴线交点偏心的柱，采用"查改标注"功能，进行偏心的设置和修改，操作步骤如下：选中图元，在柱二次编辑功能里找到"查改标注"，修改偏心距离，如图 2.1.8 所示。

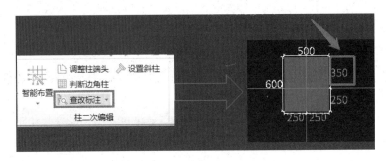

图 2.1.8　柱构件"查改标注"

(三) 柱汇总计算

构件绘制完成后，在工程量页签下进行云检查，云检查无误后进行"汇总计算"（快捷键"F9"），弹出汇总计算对话框，选择首层柱，如图 2.1.9 所示。"查看工程量"功能可以查看混凝土、模板等工程量，"查看钢筋量"功能可以查看当前构件的钢筋工程量（此处工程量为只完成首层框架柱工程量，不是最终工程量），如图 2.1.10 所示。柱工程量计算结果见表 2.1.1 及表 2.1.2。

图 2.1.9　汇总计算选择柱构件

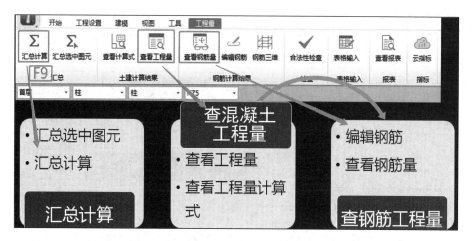

图 2.1.10　工程量功能键

首层柱土建汇总计算 表 2.1.1

编码	项目名称	项目特征	单位	工程量
010502001001	矩形柱	1. 混凝土种类:现浇 2. 混凝土强度等级:C25	m³	6.162
A1-5-5	现浇建筑物混凝土矩形、多边形、异形、圆形柱、钢管柱		10m³	0.6162
011702002001	矩形柱	1. 柱截面尺寸:周长 1.8m 内 2. 结构类型:现浇混凝土 3. 柱高:3.6m 内	m²	62.88
A1-20-15	矩形柱模板(周长 m)1.8 内,支模高度 3.6m 内		100m²	0.6288

首层柱钢筋汇总计算 表 2.1.2

楼层名称	构件名称	钢筋总重量(kg)	HPB300		HRB335		
			8	10	16	18	20
首层	KZ-1	207.124	60.192	24.396	38.336	24.264	59.936

注:此处工程量为只完成首层柱工程量,未考虑绘制梁之后的扣减关系,不是最终工程量。

任务小结

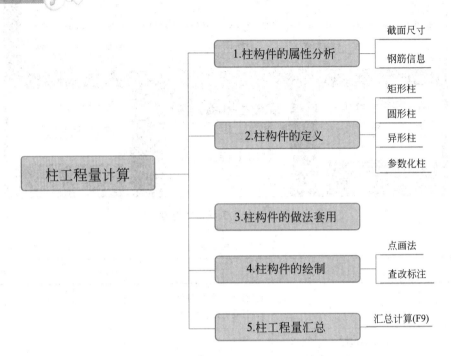

柱工程量计算
- 1.柱构件的属性分析
  - 截面尺寸
  - 钢筋信息
- 2.柱构件的定义
  - 矩形柱
  - 圆形柱
  - 异形柱
  - 参数化柱
- 3.柱构件的做法套用
- 4.柱构件的绘制
  - 点画法
  - 查改标注
- 5.柱工程量汇总
  - 汇总计算(F9)

任务 2　梁工程量计算　工作页

学习任务 2	梁工程量计算	建议学时	6
学习目标	1. 掌握梁构件的属性分析； 2. 掌握梁构件的定义； 3. 掌握梁构件的做法套用； 4. 掌握梁构件的绘制； 5. 掌握梁工程量汇总； 6. 强化学生成为技能高手、大国工匠的意识		
任务描述	本任务是熟练掌握广联达 GTJ2021 梁模型构建和工程量汇总。依据《建设工程工程量清单计价规范》GB 50500—2013 的有关规定和广州市某教师公寓楼工程设计图纸和相关标准、规范、技术资料，《广东省房屋建筑与装饰工程综合定额（2018）》，广州市 2021 年 3 月信息价以及配套解释和相关文件等进行模型构建		
学习过程	引导性问题1：查阅《教师公寓楼》图纸，仔细阅读结构平面图中的梁的集中标准和原位标注信息，回答以下问题： (1)本工程中有多少种类型的梁？ (2)不同名称梁的截面尺寸是多少？ (3)不同名称梁的集中标准、原位标注的钢筋信息是多少？ (4)不同名称的梁底和梁顶的标高是多少？ (5)图中梁截面是否与轴线位置对称？ 引导性问题2：根据《建设工程工程量清单计价规范》GB 50500—2013 写出混凝土梁的清单信息。混凝土梁的清单编码是_____，项目特征有_____，计量单位为_____，混凝土梁清单工程量计算规则是_____。 引导性问题3：绘制梁模型的命令有哪些？ 引导性问题4：如何查看所绘制混凝土梁的清单工程量计算式？ 引导性问题5：如何导出报表？		
知识点归纳	详见任务小结思维导图		
课后要求	1. 复习"任务 2　梁工程量计算"的相关内容； 2. 用软件构建《教师公寓楼》图纸梁模型并检查工程量是否正确		

任务 2　梁工程量计算

情境导入

　　本案例为《教师公寓楼》工程，在柱工程完成后，开始进行框架梁钢筋、模板及混凝土计算。本工程梁为现浇混凝土有梁板，强度等级C25。利用软件完成首层梁构件的绘制，计算首层梁钢筋及土建工程量。

一、任务内容

　　首层梁绘制的是首层顶梁，在《教师公寓楼》工程图结施-07 "2～4 层梁"中得到梁的信息，绘制顺序先框架再次梁（非框架梁），依照梁编号从左至右、从上至下，本层有框架主梁和次梁（非框架梁）两种。框架梁 KL1～KL4，次梁 L1～L4。

二、任务分析

　　梁平法识读如图 2.2.1 所示。

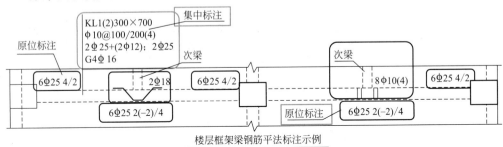

楼层框架梁钢筋平法标注示例

集中标注	KL1(2)300×700	表示1号框架梁，两跨，截面宽为300，截面高为700
	Φ10@100/200(4)	表示箍筋为Φ10的钢筋，加密区间距为100，非加密区间距为200，4肢箍
	2Φ25+(2Φ12)；2Φ25	前面的2Φ25表示梁的上部贯通筋为两根Φ25的钢筋，(2Φ12)表示两跨的上部无负筋区布置两根Φ12的架立筋，后面的2Φ25表示梁的下部贯通筋为两根Φ25的钢筋
	G4Φ16	表示梁的侧面设置4根Φ16的构造纵筋，两侧各为2根
原位标注	两端支座处6Φ25 4/2	表示梁的端支座有6根Φ25的钢筋，分两排布置，其中上排为4根，下排为2根，因为上排有两根贯通筋，所有上排只有两根Φ25的属于支座负筋
	中间支座处6Φ25 4/2	表示梁的中间支座有6根Φ25的钢筋，分两排布置，其中上排为4根，下排为2根，因为上排有两根贯通筋，所有上排只有两根Φ25的属于支座负筋，中间支座如果只标注一边另一边不标，说明两边的负筋布筋一致
	梁下部6Φ25 2(-2)/4	表示梁的下部有6根Φ25的钢筋，分两排布置，其中上排为2根，下排为4根；上排两根不伸入支座，从集中标注可以看出，下部有两根贯通筋，所以下排只有2根Φ25是非贯通筋
	吊筋标注2Φ18	表示次梁处布置两根Φ18的钢筋作为吊筋
	附加箍筋8Φ10(4)	表示梁的次梁处增加8根Φ10的4肢箍

图 2.2.1　梁平法识读

三、任务流程

1. 进行梁构件的属性分析；
2. 进行梁构件的定义；
3. 套用梁构件的做法；
4. 进行梁构件的绘制；
5. 汇总计算梁工程量。

四、操作步骤

（一）梁构件的定义

1. 梁构件定义

在导航树中单击"梁"，在构件列表中单击"新建"→
"新建矩形梁"，如图 2.2.2 所示。

新建矩形梁 KL1，在属性列表中输入相应的属性值，按
图纸抄写属性：跨数量无需输入，软件会根据绘制的图元自
动生成跨数；肢数在下方输入 2；有构造筋（或受扭
筋）时拉筋为默认。KL1 的属性定义如图 2.2.3 所
示，其余梁做法相同。KL7 在楼梯梁内设置。

注：拉筋设置一般按平法构造默认①，如果有不
同的构造时，软件中的钢筋计算设置可以对拉筋进
行更改，如图 2.2.4 所示。

2. 新建非框架梁

非框架梁的属性定义同前面的框架梁，对于非
框架梁，在定义时，L1 需要在属性的"结构类别"
中选择相应的类别，如"非框架梁"，其他属性与框
架梁的输入方式一致，如图 2.2.5 所示。

3. 梁构件的做法套用

梁构件新建好后，需要进行套用做法操作。根据
《建设工程工程量清单计价规范》GB 50500—2013、
《广东省房屋建筑与装饰工程综合定额（2018）》中
的说明，有梁板混凝土（包括主、次梁与板）按梁、
板体积之和计算；有梁板的梁模板套用梁模板相应
子目。构件套用做法，可通过手动添加清单定额、

图 2.2.2　新建矩形梁

	属性名称	属性值	附加
1	名称	KL1	
2	结构类别	楼层框架梁	☐
3	跨数量	1	☐
4	截面宽度(mm)	250	☐
5	截面高度(mm)	600	☐
6	轴线距梁左边…	(125)	☐
7	箍筋	Φ8@100/150(2)	☐
8	肢数	2	
9	上部通长筋	2Φ25	☐
10	下部通长筋	3Φ25	☐
11	侧面构造或受…	G2Φ12	☐
12	拉筋	(Φ6)	☐
13	定额类别	有梁板	
14	材质	商品混凝土	
15	混凝土类型	(混凝土20石)	
16	混凝土强度等级	(C25)	
17	混凝土外加剂	(无)	
18	泵送类型	(混凝土泵)	
19	泵送高度(m)		
20	截面周长(m)	1.7	☐
21	截面面积(m²)	0.15	☐
22	起点顶标高(m)	层顶标高	☐
23	终点顶标高(m)	层顶标高	☐

图 2.2.3　KL1 框架梁属性

① 根据 16G101-1 第 90 页规定：当梁宽≤350mm 时，拉筋直
径为 6mm；梁宽>350mm 时，拉筋直径为 8mm，拉筋间距为非加密
区箍筋间距的 2 倍。当设有多排拉筋时，上下两排拉筋竖向错开设置。

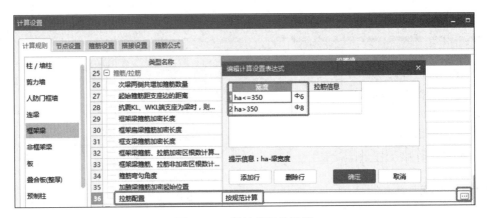

图 2.2.4 梁拉筋平法设置

梁

	属性名称	属性值	附加
1	名称	L1(1)	
2	结构类别	非框架梁	☐
3	跨数量	1	☐
4	截面宽度(mm)	180	☐
5	截面高度(mm)	500	☐
6	轴线距梁左边...	(90)	☐
7	箍筋	Φ8@200(2)	☐
8	胶数	2	
9	上部通长筋	2Φ12	☐
10	下部通长筋	2Φ16	☐
11	侧面构造或受...		☐
12	拉筋		☐
13	定额类别	有梁板	☐
14	材质	商品混凝土	☐
15	混凝土类型	(混凝土20石)	☐
16	混凝土强度等级	(C25)	☐
17	混凝土外加剂	(无)	
18	泵送类型	(混凝土泵)	
19	泵送高度(m)		
20	截面周长(m)	1.36	☐
21	截面面积(m²)	0.09	☐
22	起点顶标高(m)	层顶标高	☐
23	终点顶标高(m)	层顶标高	☐

图 2.2.5 L1 次梁（非框架梁）属性

查询清单定额库添加、查询匹配清单定额等功能添加实现。

定义框架梁 KL1 的做法套用，切记要将"工程量表达式"填写完整，如图 2.2.6 所示，其余梁做法相同。

编码	类别	名称	项目特征	单位	工程量表达式	表达式说明	单价	综合单价	措施项目
☐ 010505001	项	有梁板	1. 混凝土种类:现浇 2. 混凝土强度等级:C25	m3	TJ	TJ<体积>			☐
A1-5-14	定	现浇建筑物混凝土 平板、有梁板、无梁板		m3	TJ	TJ<体积>	874.65		☐
☐ 011702006	项	矩形梁	1. 梁宽:25以内 2. 支撑高度:3.6m内	m2	MBMJ	MBMJ<模板面积>			☑
A1-20-33	定	单梁、连续梁模板(梁宽cm)25以内 支模高度3.6m		m2	MBMJ	MBMJ<模板面积>	5967.43		☑

图 2.2.6　KL1 做法

（二）梁构件的绘制

梁在绘制时，要先主梁后次梁。通常，画梁时按先上后下、先左后右的方向来绘制，以保证所有的梁都能够全部绘制完整。

1. 直线绘制

梁为线性构件，直线形的梁采用"直线"绘制的方法比较简单，如 KL1。在绘图界面，单击"直线"，单击梁的起点①轴与©轴的交点，再单击梁的终点③轴与©轴的交点即可，如图 2.2.7 所示。案例中 KL1～KL7、非框架梁 L1～L5 都可采用直线绘制。

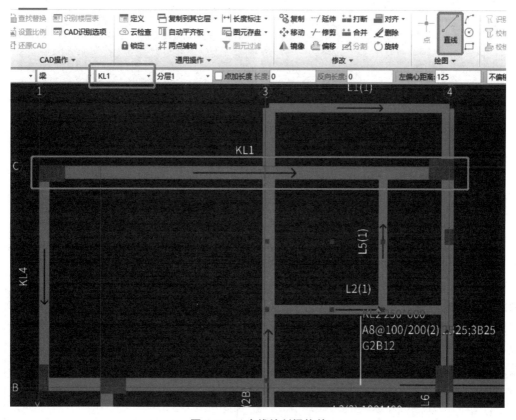

图 2.2.7　直线绘制梁构件

2. 梁柱对齐

在绘制 KL1 时，对于梁中心线不在轴线上的梁构件，可以采用"F4"设置梁的起始点位置，还可使用修改功能中的"对齐"命令。

在轴线上绘制完梁构件后，选择建模页签下"修改"面板中的"对齐"命令，采用"对齐"功能，调整位置。看清楚对齐的目标线是什么，根据提示先选择轴线为目标线，再选择梁侧的边界线，如图 2.2.8 所示。

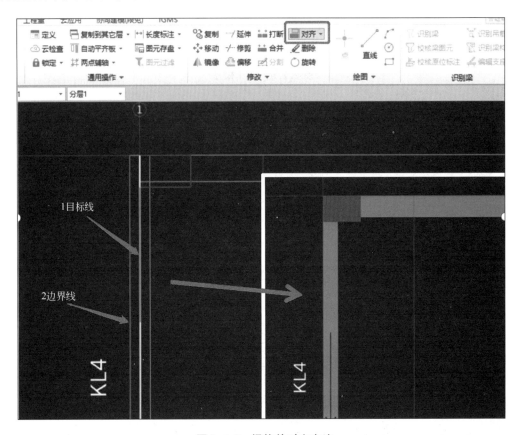

图 2.2.8　梁构件对齐方法

3. 偏移绘制

如果有些梁端点不在轴线的交点或其他捕捉点上，可采用偏移绘制的方法，也就是采用"Shift＋鼠标左键"的方法捕捉轴线以外的点来绘制。

例如，绘制 KL1，将鼠标放在②轴与Ⓐ轴的交点，同时按下"Shift＋鼠标左键"，在弹出的"输入偏移值"对话框中输入相应的数值，单击"确定"按钮，这样就选定了第 1 个端点，然后拉直线画到②轴和Ⓑ轴的交点。如图 2.2.9 所示。

4. 梁原位标注

梁绘制完毕只是对梁集中标注的信息进行了输入。由于梁是以柱和墙为支座的，提取梁跨和原位标注之前，需要绘制好所有的支座，当梁显示为粉色时，表示还没有进行梁跨提取

图 2.2.9　偏移值

和原位标注的输入，也不能正确地对梁钢筋进行计算。

软件中，可通过三种方式来提取梁跨：一是使用"原位标注"，二是使用"重提梁跨"，三是使用"刷新支座尺寸"功能，如图 2.2.10 所示。

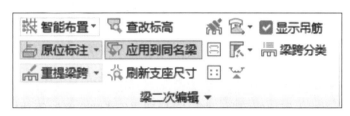

图 2.2.10　梁二次编辑功能

软件中用粉色和绿色对梁进行区别，目的是提醒哪些梁已经进行了原位标注的输入，便于检查，防止出现忘记输入原位标注，影响计算结果的情况。

原位标注：梁的原位标注主要有支座钢筋、跨中筋、下部钢筋、架立钢筋和次梁筋，另外，变截面也需要在原位标注中输入。下面以Ⓑ轴的 KL1 为例，介绍梁的原位标注输入。

（1）在"梁二次编辑"面板中选择"原位标注"。

（2）选择要输入原位标注的 KL1，绘图区显示原位标注的输入框，下方显示平法表格。

（3）对应输入钢筋信息，有两种方式：

① 原位标注：在绘图区按照图纸标注中 KL1 的原位标注信息输入；"1 跨左支座筋"输入"2B25＋1B20"，按"Enter"键确定；跳到"1 跨跨中筋"，此处没有原位标注信息，不用输入，可以直接再次按"Enter"键，跳到下一个输入框，或者用鼠标选择下一个需要输入的位置；"1 跨右支座筋"输入"3B25"，其他跨原位标注与此方法类似，如图 2.2.11 所示。

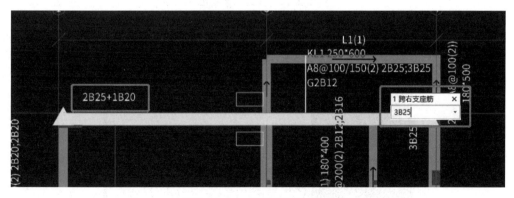

图 2.2.11　梁原位标注输入

② 平法表格：点击"平法表格"弹出梁平法表格，可以在表格中输入相关信息，平法表格与"原位标注"互相关联，设置任何一个都可以修改原位标注信息。如图 2.2.12 所示。

（4）梁二次编辑中其他应用功能："应用到同名梁""梁跨数据复制"功能解决工程中

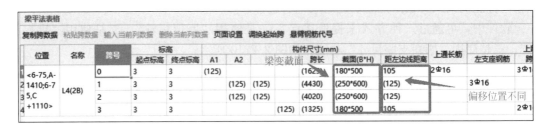

位置	名称	跨号	标高		构件尺寸(mm)						上通长筋	左支座钢筋	上跨
			起点标高	终点标高	A1	A2	梁变截面	跨长	截面(B*H)	距左边线距离			
1 <6-75,A-		0	3	3	(125)			(1625)	180*500	105	2Φ16		3Φ1
2 1410;6-7	L4(2B)	1	3	3	(125)	(125)		(4430)	(250*600)	(125)		3Φ16	
3 5,C		2	3	3	(125)	(125)		(4020)	(250*600)	(125)		偏移位置不同	
4 +1110>		3	3	3		(125)	(1325)		180*500	105			2Φ1

图 2.2.12　梁原位标注输入方式

原位标注较多，单个输入麻烦的问题；"生成吊筋""生成架立筋"等功能可以快速完成钢筋设置。如图 2.2.13 所示。

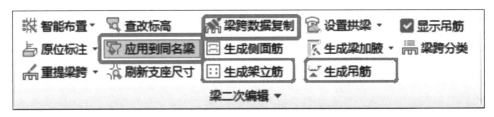

图 2.2.13　梁二次编辑中其他常用应用功能

① 梁跨数据复制：单跨梁原位标注一致；
② 应用到同名梁：同名称梁原位标注一致；
③ 生成吊筋：可以在这个功能里做吊筋和次梁加筋，如图 2.2.14 及图 2.2.15 所示。

---

(6) 主次梁交叉处主梁均须设置附加箍筋；主次梁梁高相同时两梁均设附加箍筋；附加箍筋直径及肢数同该梁箍筋，附加箍筋根数为每侧2根；图中画出附加吊筋(〰〰)时，除应设置附加箍筋外，尚应设置吊筋，吊筋直径未注明者为2Φ12；附加箍筋、附加吊筋构造详标准图集16G101-1中第88页。

图 2.2.14　次梁加筋及吊筋

图 2.2.15　次梁加筋及吊筋设置

（三）汇总计算

构件绘制完成后，在工程量页签下进行云检查，云检查无误后进行"汇总计算"（快捷键"F9"），弹出汇总计算对话框，选择首层梁进行汇总计算（方法同柱，参考柱工程，此处不再详细讲解）。梁工程量计算结果见表 2.2.1 及表 2.2.2。

首层梁土建汇总计算　　　　　　　　　　　　　　　　表 2.2.1

编码	项目名称	项目特征	单位	工程量
010505001001	有梁板	1. 混凝土种类:现浇 2. 混凝土强度等级:C25	m³	17.28
A1-5-14	现浇建筑物混凝土　平板、有梁板、无梁板		10m³	1.73
011702006001	矩形梁	1. 梁宽:25cm 以内 2. 支撑高度:3.6m 内	m²	180.042
A1-20-33	单梁、连续梁模板(梁宽 cm)25以内　支模高度 3.6m		100m²	1.83

首层梁钢筋汇总计算　　　　　　　　　　　　　　　　表 2.2.2

汇总信息	汇总信息钢筋总重(kg)	构件名称	构件数量	HPB300	HRB335
		楼层名称:首层(绘图输入)		589.72	2327.787
梁	2917.507	KL1[209]	2	75.76	400.054
		KL2[223]	1	87.076	423.785
		KL3[224]	1	70.29	306.222
		L1(1)[225]	4	39.292	77.256
		L2(1)[227]	2	15.768	54.604
		L3(3)[229]	1	20.586	63.08
		KL4[232]	2	30.912	108.092
		KL5[242]	2	42.188	178.096
		L4(2B)[234]	2	88.43	220.234
		KL6[235]	1	54.015	233.436
		KL6[748]	1	54.015	233.596
		L5(1)[887]	2	11.388	29.332
		合计		589.72	2327.787

注：此处工程量为只完成首层梁工程量，未考虑绘制板后的扣减关系，不是最终工程量。

任务小结

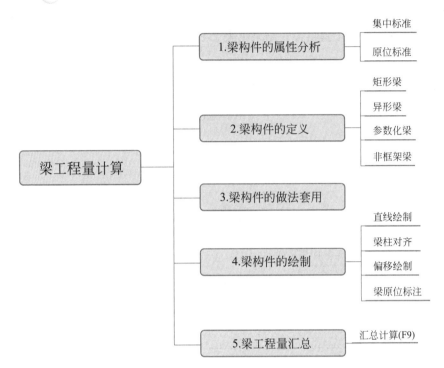

梁工程量计算
- 1.梁构件的属性分析
  - 集中标准
  - 原位标准
- 2.梁构件的定义
  - 矩形梁
  - 异形梁
  - 参数化梁
  - 非框架梁
- 3.梁构件的做法套用
- 4.梁构件的绘制
  - 直线绘制
  - 梁柱对齐
  - 偏移绘制
  - 梁原位标注
- 5.梁工程量汇总
  - 汇总计算(F9)

任务 3　板工程量计算　工作页

学习任务 3	板工程量计算	建议学时	6
学习目标	1. 掌握板构件的属性分析； 2. 掌握板构件的定义； 3. 掌握板构件的做法套用； 4. 掌握板构件的绘制； 5. 掌握板工程量汇总； 6. 强化学生成为技能高手、大国工匠的意识		
任务描述	本任务是熟练掌握广联达 GTJ2021 板模型构建和工程量汇总。依据《建设工程工程量清单计价规范》GB 50500—2013 的有关规定和广州市某教师公寓楼工程设计图纸和相关标准、规范、技术资料,《广东省房屋建筑与装饰工程综合定额(2018)》,广州市 2020 年 6 月信息价以及配套解释和相关文件等进行模型构建		
学习过程	引导性问题 1:查阅《教师公寓楼》图纸,仔细阅读结构平面图中板的信息,回答以下问题: (1)本工程中有多少种类型的板? (2)不同名称板的尺寸是多少? (3)不同名称板的钢筋信息是多少? (4)结构平面图中不同名称板的形状类型是什么? 引导性问题 2:根据《建设工程工程量清单计价规范》GB 50500—2013 写出混凝土板的清单信息。混凝土板的清单编码是_____、项目特征有_____、计量单位为_____、混凝土板清单工程量计算规则是_____。 引导性问题 3:绘制板模型的命令有哪些? 引导性问题 4:如何查看所绘制混凝土板的清单工程量计算式? 引导性问题 5:如何导出报表?		
知识点归纳	详见任务小结思维导图		
课后要求	1. 复习"任务 3　板工程量计算"的相关内容; 2. 用软件构建《教师公寓楼》图纸板模型并检查工程量是否正确		

任务 3　板工程量计算

情境导入

　　本案例为《教师公寓楼》工程，工程中的混凝土现浇板施工需进行楼板支模、绑扎钢筋、浇筑混凝土等工序。本次任务为利用软件完成首层板构件的绘制及工程量计算。

一、任务内容

　　本任务需要先了解板的类型，通过读图找到板的数据。在软件中通过新建、属性定义、绘制完成工程量计算。

二、任务分析

　　首层板在《教师公寓楼》工程图结施 08 "2～4 层楼板"中，从图中得到板的信息，本结构板为有梁板，板厚 100mm，未注明的板受力筋为 Φ10@200，采用 C25 现浇混凝土。

　　按结构设计说明，本工程板的配筋依据 16G101 第 99～103 页的要求，分析板的受力钢筋、分布筋、负筋、跨板受力筋的长度与根数的计算公式。

　　根据图纸查看二层板及板配筋信息。在软件中，完整的板构件由现浇板、板筋（包含受力筋和负筋）组成，因此，板构件的钢筋计算包括两个部分：板的定义中的钢筋和绘制钢筋的布置（包含受力筋和负筋），根据结构说明，分布筋为 Φ6@200，如图 2.3.1 所示。

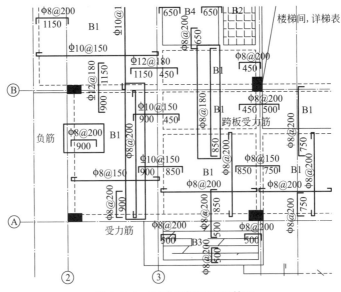

图 2.3.1　二层楼板平面配筋图

三、任务流程

1. 进行现浇板构件的属性分析；
2. 进行现浇板、板受力筋、板负筋及分布筋的定义；
3. 套用板构件的做法；
4. 进行板构件的绘制；
5. 汇总计算板土建及钢筋工程量。

四、操作步骤

（一）构件属性定义

1. 板构件定义

在导航树中选择"板"→"现浇板"，在构件列表中选择"新建"→"新建现浇板"。下面以Ⓐ～Ⓑ轴和②～③轴范围内的"B1"为例，新建现浇板"B1"，根据图纸中的尺寸标注，在属性列表中输入相应的属性值，如图2.3.2所示。

板（一）

2. 板受力筋的属性定义

导航树中选择"板"，在构件列表中选择"新建"→"新建板受力筋"，新建板受力筋φ8@200，根据φ8@200在图纸中的布置信息，在属性编辑框中输入相应的属性值，类别选择"底筋"，如图2.3.3所示。

板（二）

属性列表	图层管理		
	属性名称	属性值	附加
1	名称	B1	
2	厚度(mm)	100	
3	类别	有梁板	
4	是否是楼板	是	
5	混凝土类型	(混凝土20石)	
6	混凝土强度等级	(C25)	
7	混凝土外加剂	(无)	
8	泵送类型	(混凝土泵)	
9	泵送高度(m)		
10	顶标高(m)	层顶标高	

图 2.3.2 板构件属性

◢ 板受力筋			
A8-200			
B10-150			

属性列表	图层管理		
	属性名称	属性值	附加
1	名称	A8-200	
2	类别	底筋	
3	钢筋信息	Φ8@200	
4	左弯折(mm)	(0)	
5	右弯折(mm)	(0)	
6	备注		

图 2.3.3 板受力筋属性

3. 板负筋的属性定义

在导航树中选择"板"，在构件列表中选择"新建"→"板负筋"，新建板负筋φ8@200，根据φ8@200在图纸中的布置信息，在属性编辑框中输入相应的属性值，设置左右支座长度，检查标注位置，分布钢筋根据公共设置默认为（φ6@200），如图2.3.4所示。

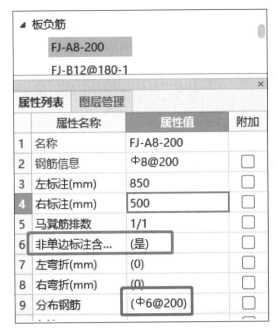

图 2.3.4　板负筋属性

根据图纸结构说明：本工程板分布钢筋采用φ6@200，选择"板"，修改"分布钢筋配置"，如图 2.3.5 所示。可以按"所有的分布筋相同"统一设置分布钢筋信息，也可以按照"同一板厚的分布筋相同"按照板厚分别输入分布筋信息。

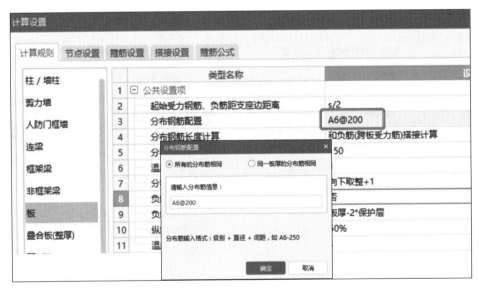

图 2.3.5　板分布筋计算规则修改

4. 跨板受力筋属性定义

在导航树中选择"板"→"板负筋"，在构件列表中选择"新建板负筋"，新建板负筋φ8@180，根据图纸中的布置信息，在属性编辑框中输入相应的属性值，选择支座中线，分布钢筋根据公共设置默认为（φ6@200），如图 2.3.6 所示。

图 2.3.6　跨板受力筋属性

5.板构件的做法套用

板构件新建好后，需要进行套用做法操作。根据《广东省房屋建筑与装饰工程综合定额（2018）》中说明，有梁板混凝土（包括主、次梁与板）按梁、板体积之和计算。构件套用做法，可通过手动添加清单定额、查询清单定额库添加、查询匹配清单定额等功能添加实现。

板构件定义好后，需要进行做法套用操作，打开"定义"界面，选择"构件做法"，单击"添加清单"，有梁板的做法套用如图 2.3.7 所示。

编码	类别	名称	项目特征	单位	工程量表达式	表达式说明	单价
⊟ 010505001	项	有梁板	1.混凝土种类:现浇 2.混凝土强度等级:C25	m3	TJ	TJ〈体积〉	
A1-5-14	定	现浇建筑物混凝土 平板、有梁板、无梁板		m3	TJ	TJ〈体积〉	874.65
⊟ 011702014	项	有梁板	1.支撑高度:3.6m内	m2	MBMJ	MBMJ〈底面模板面积〉	
A1-20-75	定	有梁板模板 支模高度3.6m		m2	MBMJ+CMBMJ	MBMJ〈底面模板面积〉+CMBMJ〈侧面模板面积〉	5674.28

图 2.3.7　板构件做法

6.雨篷的做法套用

根据《广东省房屋建筑与装饰工程综合定额（2018）》计算说明，大于 1.5m 的雨篷按板套用，其做法如图 2.3.8 所示。

（二）构件绘制

1.现浇板和雨篷的绘制

（1）点画绘制

在封闭区域的板（四周有梁围合），绘制方式以点画为主，以"B1"为例，定义好楼板属性后，选择"点"绘制命令，在梁封闭区域内空白位置，鼠标左键单击，即可布置B1，如图 2.3.9 所示。

编码	类别	名称	项目特征	单位	工程量表达式	表达式说明	单价
010505008	项	雨篷、悬挑板、阳台板	1. 混凝土种类:现浇 2. 混凝土强度等级:C25 3. 浇筑部位:阳台板	m3	TJ	TJ<体积>	
A1-5-14	定	现浇建筑物混凝土 平板、有梁板、无梁板		m3	TJ	TJ<体积>	874.65
011702023	项	雨篷、悬挑板、阳台板	1. 构件类型:阳台板 2. 板厚度:100mm 3. 支模高度:3m	m2	TYMJ	TYMJ<投影面积>	
A1-20-75	定	有梁板模板 支模高度3.6m		m2	MBMJ+CMBMJ	MBMJ<底面模板面积> +CMBMJ<侧面模板面积>	5674.28

图 2.3.8　雨篷构件做法

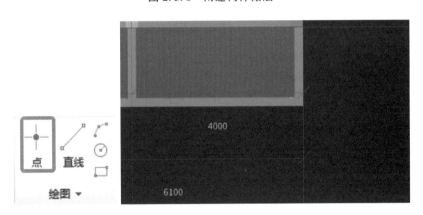

图 2.3.9　板的绘制：点画绘制

（2）直线绘制

没有围合的板，如雨篷板，可用直线绘制。定义好雨篷板，可以先用辅助轴线绘制好边界线，选择"直线"命令，左键单击边界区域的交点，围成一个封闭区域，即可布置雨篷板，如图 2.3.10 所示。

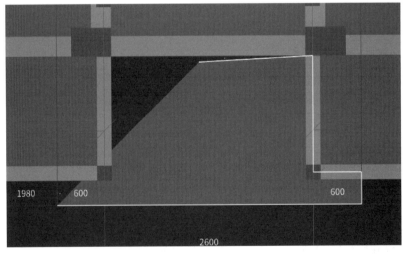

图 2.3.10　板的绘制：直线绘制

（3）矩形绘制

如果图中没有围成封闭区域的位置，也可采用矩形画法来绘制板。单击"矩形"命令，选择板图元的两个对角定点，即可绘制矩形板。如图 2.3.11 所示。

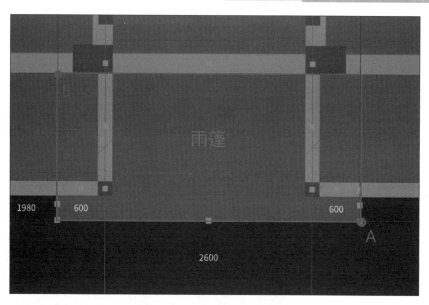

图 2.3.11　板的绘制：矩形绘制

注意：矩形绘制需要先把相邻板先点画完，此处的矩形才可自动扣减成如图 2.3.9 所示。

（4）自动生成板

当板下的梁、墙绘制完毕，且图中板类别较少时，可使用"自动生成板"，软件会自动根据图中梁和墙围成的封闭区域来生成整层的板。自动生成完毕之后，需要检查图纸，将与图中板信息不符的修改过来，对图中没有板的地方进行删除。

2. 板受力筋的绘制方法

① 在导航树中，选择板受力筋，单击"建模"，在板受力筋二次编辑中单击"布置受力筋"，如图 2.3.12 所示。

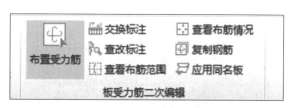

图 2.3.12　布置受力筋

② 布置板的受力筋，按照布置范围有"单板""多板""自定义""按受力范围"布置；按照钢筋方向有"XY方向""水平""垂直"布置，"两点""平行边""弧线边布置放射筋"以及"圆心布置放射筋"布置范围，如图 2.3.13 所示。

图 2.3.13　受力筋布置组合方式

选择绘制方式："1＋2"（如图 2.3.13 所示），板筋绘制方式有多种组合。例如：单板＋水平、单板＋XY方向、多板＋垂直、自定义＋两点等。

3. 板负筋的绘制

选择正确的负筋，点击布置形式"按梁布置"，选择布置位置梁，点击鼠标左键选择布置方向，完成后如图 2.3.14 所示。

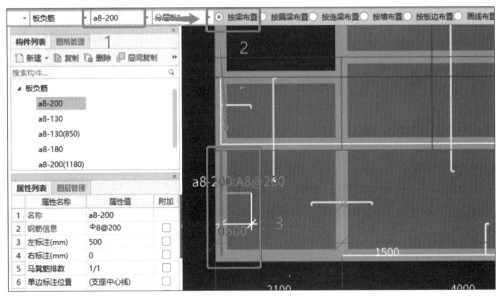

图 2.3.14　布置板负筋

4. 跨板受力筋的绘制

跨板受力筋绘制，在受力筋里选择跨板受力筋"φ8@200"，选择"单板＋垂直"，选择布置范围，完成后如图 2.3.15 所示。

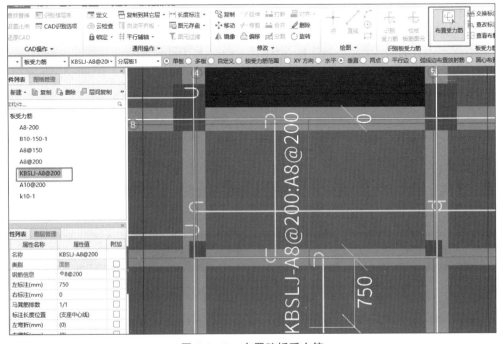

图 2.3.15　布置跨板受力筋

（三）汇总计算

构件绘制完成后，在工程量页签下进行云检查，云检查无误后进行"汇总计算"（快捷键"F9"），弹出汇总计算对话框，选择首层有梁板进行汇总计算（方法同柱，参考柱工程，此处不再详细讲解）。板工程量计算结果见表 2.3.1 及表 2.3.2。

首层梁土建汇总计算　　　　　　　　　　　　　　　　　表 2.3.1

编码	项目名称	项目特征	单位	工程量
010505001001	有梁板	1. 混凝土种类:现浇 2. 混凝土强度等级:C25	m³	11.3368
A1-5-14	现浇建筑物混凝土 平板、有梁板、无梁板		10m³	1.13187
010505008001	雨篷、悬挑板、阳台板	1. 混凝土种类:现浇 2. 混凝土强度等级:C25 3. 浇筑部位:阳台板	m³	2.3074
A1-5-29	现浇混凝土其他构件 阳台、雨篷		10m³	0.22978
011702014001	有梁板	1. 支撑高度:3.6m 内	m²	113.188
A1-20-75	有梁板模板 支模高度 3.6m		100m²	1.13188
011702023001	雨篷、悬挑板、阳台板	1. 构件类型:阳台板 2. 板厚度:100mm	m²	22.9764
A1-20-94	阳台、雨篷模板 直形		100m²	0.229764

楼板钢筋工程量　　　　　　　　　　　　　　　　　　表 2.3.2

汇总信息	汇总信息钢筋总重(kg)	构件名称	构件数量	HPB300	HRB335
楼层名称:首层(绘图输入)				951.01	482.194
板负筋	480.351	FJ-A8-200	1	12.913	
		FJ-A8-200-1	1	212.012	
		FJ-B12@180-1	1	13.802	143.256
		FJ-B10-150-1	1	7.592	60.022
		FJ-A8-150-1	1	30.754	
		合计		277.073	203.278
板受力筋	952.853	B-3[1113]	1	35.03	
		B-1[1085]	1	44.974	
		B-2[1109]	1	44.072	
		B-3[1115]	1	41.928	
		B-1[907]	1	112.658	
		B-1[906]	1	36.974	
		B-1[46093]	1	32.474	
		B-1[905]	1		278.916
		B-1[908]	1	125.35	
		B-1[909]	1	80.606	
		B-1[910]	1	30.955	

续表

汇总信息	汇总信息钢筋总重(kg)	构件名称	构件数量	HPB300	HRB335
板受力筋	952.853	B-2[1110]	1	16.578	
		雨篷[45057]	1	51.25	
		空调隔板[4146]	1	12.312	
		空调隔板[4167]	1	8.776	
		合计		673.937	278.916

任务小结

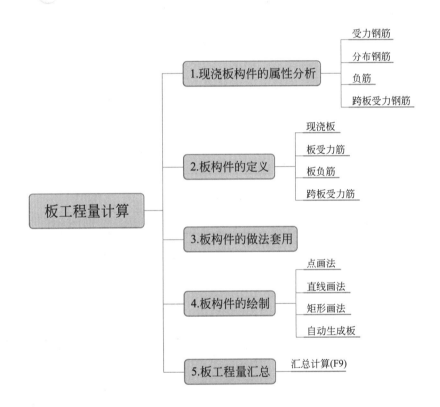

任务 4　砌体结构工程量计算　工作页

学习任务 4	砌体结构工程量计算	建议学时	6
学习目标	1. 掌握砌体结构构件的属性分析； 2. 掌握砌体结构构件的定义； 3. 掌握砌体结构构件的做法套用； 4. 掌握砌体结构构件的绘制； 5. 掌握砌体结构工程量汇总； 6. 提高学生的责任心及法治意识		
任务描述	本任务是熟练掌握广联达 GTJ2021 砌体结构模型构建和工程量汇总。依据《建设工程工程量清单计价规范》GB 50500—2013 的有关规定和广州市某教师公寓楼工程设计图纸和相关标准、规范、技术资料，《广东省房屋建筑与装饰工程综合定额（2018）》，广州市 2021 年 3 月信息价以及配套解释和相关文件等进行模型构建		
学习过程	引导性问题1：查阅《教师公寓楼》图纸，仔细阅读结构平面图中砌体结构的信息，回答以下问题： (1)本工程中有多少种类型的砌体？ (2)砌体的厚度是多少？ (3)砌体结构的底标高和顶标高是多少？ (4)建筑平面图中不同名称砌体结构是否与轴线对称？ 引导性问题2：根据《建设工程工程量清单计价规范》GB 50500—2013 写出混凝土砌体结构的清单信息。 混凝土砌体结构的清单编码是_____，项目特征有_____，计量单位为_____，混凝土砌体结构清单工程量计算规则是_____。 引导性问题3：绘制砌体结构模型的命令有哪些？ 引导性问题4：如何查看所绘制混凝土砌体结构的清单工程量计算式？ 引导性问题5：如何导出报表？		
知识点归纳	详见任务小结思维导图		
课后要求	1. 复习"任务 4　砌体结构工程量计算"的相关内容； 2. 用软件构建《教师公寓楼》图纸砌体结构模型并检查工程量是否正确		

任务 4 砌体结构工程量计算

本案例为《教师公寓楼》工程。在完成首层柱、梁、板结构后，利用软件完成首层砌体墙的绘制及工程量计算。

一、任务内容

本任务需要先了解砌体墙的类型，通过读图找到砌体墙数据。在软件中通过新建、属性定义、绘制完成工程量计算。

二、任务分析

根据《教师公寓楼》建施-01"建筑设计说明"中墙体设计（图 2.4.1），可得到砖墙的信息：外墙梯间墙为 180，内墙 90，灰砂砖砌筑，采用强度为 M5 的水泥砂浆砌筑。

五、墙体设计
1. 外墙：均为 180 厚灰砂砖砌筑。
2. 内墙：内墙厚 90，外墙及分户墙厚 180，阳台栏板厚 120，均为灰砂砖砌筑。
3. 墙体砂浆：砌块墙体使用专用 M5 水泥砂浆砌筑。
4. 所用砌体墙（除说明外）均砌至梁底或板底。

图 2.4.1 墙体图纸说明

三、任务流程

1. 进行砌体墙构件的属性分析；
2. 进行砌体墙构件的定义；
3. 套用砌体墙构件的做法；
4. 进行砌体墙构件的绘制；
5. 汇总计算砌体墙工程量及砌体加筋工程量。

四、操作步骤

（一）砌体墙和栏板的定义
1. 砌体墙属性定义
（1）砌体墙属性定义

墙

在导航树中选择"墙"→"砌体墙"，在构件列表中选择"新建外墙"，属性中内外墙标志选择"外墙"，如图 2.4.2 所示。内墙方法相同，新建时选择"新建内墙"，属性中内外墙标志选择"内墙"。

（2）阳台栏板属性定义

阳台栏板可采用"栏板"构件绘制，也可采用"墙"绘制，此处以其他构件中"栏板"为例介绍：在导航树中选择"栏板"→"新建栏板"，在构件列表中选择"新建外墙"，在属性列表中输入名称为"阳台栏板"，厚度为 120mm，由于是砌体结构，因此删除栏板属性中的钢筋内容，如图 2.4.3 所示。

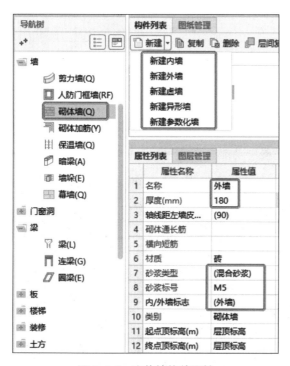

图 2.4.2　砌体墙构件属性

图 2.4.3　阳台栏板构件属性

2. 砌体墙和栏板的构件做法

砌体墙构件新建好后，需要进行套用做法操作。根据《广东省房屋建筑与装饰工程综合定额（2018）》中说明，将构件套用做法，可通过手动添加清单定额、查询清单定额库添加、查询匹配清单定额等功能添加实现。

砌体墙构件定义好后，需要进行做法套用操作，打开"定义"界面，选择"构件做法"，单击"添加清单"，做法套用如图 2.4.4～图 2.4.6 所示。

编码	类别	名称	项目特征	单位	工程量表达式	表达式说明	单价
⊟ 010402001	项	砌块墙	1.墙体类型：外墙 2.墙体厚度：180mm 3.空心砖品种、规格、强度等级：蒸压灰砂砖，240mm×115mm×53mm 4.砂浆强度等级：M5砌筑砂浆	m3	TJ	TJ〈体积〉	
A1-4-59	定	蒸压灰砂砖外墙 墙体厚度 17.5cm		m3	TJ	TJ〈体积〉	4405.28

图 2.4.4　外墙构件做法

编码	类别	名称	项目特征	单位	工程量表达式	表达式说明	单价
☐ 010402001	项	砌块墙	1. 墙体类型：内墙 2. 墙体厚度：90mm 3. 空心砖品种、规格、强度等级：蒸压灰砂砖，240mm×115mm×53mm 4. 砂浆强度等级：M5砌筑砂浆	m3	TJ	TJ〈体积〉	
A1-4-51	定	蒸压加气混凝土砌块内墙 墙体厚度 10cm		m3	TJ	TJ〈体积〉	4505.01

图 2.4.5 内墙构件做法

编码	类别	名称	项目特征	单位	工程量表达式	表达式说明	单价
☐ 010401012	项	零星砌砖	1. 零星砌砖名称、部位：阳台栏板 2. 砖品种、规格、强度等级：灰砂砖 3. 砂浆强度等级、配合比：M5水泥砂浆	m3	TJ	TJ〈体积〉	
A1-4-113	定	砖砌栏板 厚度 1/2砖		m	ZXXCD	ZXXCD〈中心线长度〉	9854.23

图 2.4.6 阳台栏板构件做法

（二）砌体墙和栏板的绘制

1. 砌体墙绘制

绘制方式以直线绘制为主，内墙中心线与轴线对齐，外墙边线对齐轴线（或柱边），注意外墙对齐的位置，使用修改命令中的"对齐"功能，完成后如图 2.4.7 所示。

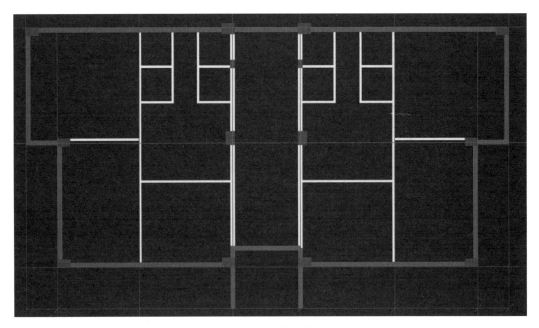

图 2.4.7 墙体绘制

2. 阳台栏板绘制

根据栏板位置用直线命令绘制，完成后如图 2.4.8 所示。

（三）汇总计算

构件绘制完成后，在工程量页签下进行云检查，云检查无误后进行"汇总计算"（快捷键"F9"），弹出汇总计算对话框，选择首层墙进行汇总计算（方法同柱，参考柱工程，此处不再详细讲解）。砌体结构工程量计算结果见表 2.4.1。

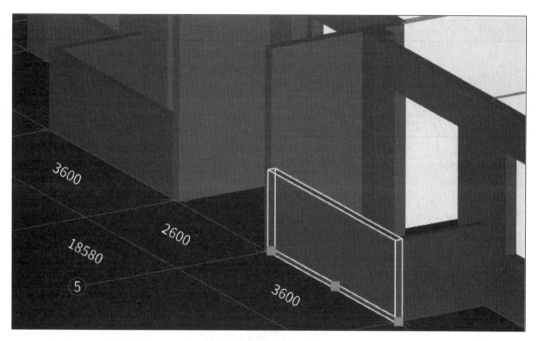

图 2.4.8　阳台栏板三维效果

首层砌体墙土建汇总计算　　　　　　　　　　　　　　　表 2.4.1

编码	项目名称	项目特征	单位	工程量
010402001001	砌块墙	1. 墙体类型:外墙 2. 墙体厚度:180mm 3. 空心砖品种、规格、强度等级:蒸压灰砂砖,240mm×115mm×53mm 4. 砂浆强度等级:M5 砌筑砂浆	m³	23.3463
A1-4-59	蒸压灰砂砖外墙 墙体厚度 17.5cm		10m³	2.33463
010402001002	砌块墙	1. 墙体类型:内墙 2. 墙体厚度:90mm 3. 空心砖品种、规格、强度等级:蒸压灰砂砖,240mm×115mm×53mm 4. 砂浆强度等级:M5 砌筑砂浆	m³	11.2946
A1-4-51	蒸压加气混凝土砌块内墙 墙体厚度 10cm		10m³	1.12946
010402001003	砌块墙	1. 墙体类型:内墙 2. 墙体厚度:180mm 3. 空心砖品种、规格、强度等级:蒸压灰砂空心砖,240mm×115mm×53mm 4. 砂浆强度等级:M5 砌筑砂浆	m³	5.9216
A1-4-61	蒸压灰砂砖内墙 墙体厚度 17.5cm		10m³	0.59216

续表

编码	项目名称	项目特征	单位	工程量
010401012002	零星砌砖	1. 零星砌砖名称、部位:阳台栏板 2. 砖品种、规格、强度等级:灰砂砖 3. 砂浆强度等级、配合比:M5 水泥砂浆	m³	3.0502
A1-4-113	砖砌栏板　厚度　1/2 砖		100m	0.2118

任务小结

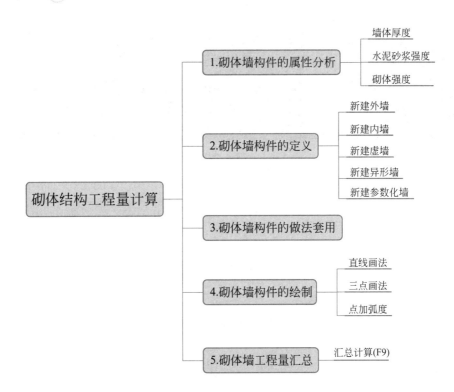

砌体结构工程量计算
- 1.砌体墙构件的属性分析
  - 墙体厚度
  - 水泥砂浆强度
  - 砌体强度
- 2.砌体墙构件的定义
  - 新建外墙
  - 新建内墙
  - 新建虚墙
  - 新建异形墙
  - 新建参数化墙
- 3.砌体墙构件的做法套用
- 4.砌体墙构件的绘制
  - 直线画法
  - 三点画法
  - 点加弧度
- 5.砌体墙工程量汇总
  - 汇总计算(F9)

任务 5　门窗洞口、构造柱及附属构件工程量计算　工作页

学习任务 5	门窗洞口、构造柱及附属 构件工程量计算	建议学时	6
学习目标	1. 掌握门窗洞口、构造柱及附属构件的属性分析； 2. 掌握门窗洞口、构造柱及附属构件的定义； 3. 掌握门窗洞口、构造柱及附属构件的做法套用； 4. 掌握门窗洞口、构造柱及附属构件的绘制； 5. 掌握门窗洞口、构造柱及附属构件工程量汇总		
任务描述	本任务是熟练掌握广联达 GTJ2021 门窗洞口、构造柱及附属构件模型构建和工程量汇总。依据《建设工程工程量清单计价规范》GB 50500—2013 的有关规定和广州市某教师公寓楼工程设计图纸和相关标准、规范、技术资料，《广东省房屋建筑与装饰工程综合定额(2018)》，广州市 2021 年 3 月信息价以及配套解释和相关文件等进行模型构建		
学习过程	引导性问题 1:查阅《教师公寓楼》图纸,仔细阅读结构平面图中门窗、洞口、构造柱及附属构件的信息,回答以下问题: (1)本工程中有多少种类型的门窗? (2)门窗的尺寸数据是多少? (3)门窗洞口、构造柱及附属构件的底标高和顶标高是多少? (4)建筑平面图中不同名称门窗洞口、构造柱及附属构件是否与轴线对称? 引导性问题 2:根据《建设工程工程量清单计价规范》GB 50500—2013 写出混凝土门窗洞口、构造柱及附属构件的清单信息。 混凝土门窗洞口、构造柱及附属构件的清单编码是_____,项目特征有_____,计量单位为_____,门窗洞口、构造柱及附属构件清单工程量计算规则是_____。 引导性问题 3:绘制门窗洞口、构造柱及附属构件模型的命令有哪些? 引导性问题 4:如何查看所绘制门窗洞口、构造柱及附属构件的清单工程量计算式? 引导性问题 5:如何导出报表?		
知识点归纳	详见任务小结思维导图		
课后要求	1. 复习"任务 5　门窗洞口、构造柱及附属构件工程量计算"的相关内容; 2. 用软件构建《教师公寓楼》图纸门窗洞口、构造柱及附属构件模型并检查工程量是否正确		

任务5 门窗洞口、构造柱及附属构件工程量计算

 情 境 导 入

　　本案例为《教师公寓楼》工程。在完成首层砌体墙结构后，利用软件完成首层门窗、墙洞、构造柱等墙体附属构件的绘制及工程量计算。

一、任务内容

　　本任务需要先了解门窗洞口、构造柱和过梁的数据。在软件中通过新建、属性定义、绘制完成工程量计算。

二、任务分析

　　1. 门窗信息

　　根据《教师公寓楼》建施-01，"门窗表"中得到门窗的信息：铝合金窗 C1（宽600，高1200），铝合金窗 C2（宽1200，高1500），胶合板木门 M1（宽1000，高2100），如图2.5.1 所示。

门窗表

编号	名称	门窗洞口尺寸	编号	名称	门窗洞口尺寸
C1	铝合金窗	600×1200	M4	平开塑钢门	700×2000
C2	铝合金窗	1200×1500	M5	平开塑钢门	800×2000
C3	铝合金窗	1500×1500	M6	铝合金平开门	2100×2400
M1	平开胶合板门	1000×2100	M7	铝合金平开门	900×2400
M2	平开胶合板门	900×2100	TLM1	铝合金推拉门	2400×2400
M3	平开塑钢门	600×2000			

图 2.5.1　门窗表示意

　　2. 构造柱信息

　　由"建筑设计说明"和构造柱截面大样得知，GZ1 尺寸详大样图，外墙、楼梯间的构造柱 GZ2 截面为 180×墙厚，主筋为 4ϕ12，内墙构造柱 GZ3 截面为 90×墙厚，主筋为 4ϕ10，箍筋均为 ϕ6@200。构造柱混凝土强度等级 C20。构造柱位置如图 2.5.2 所示。

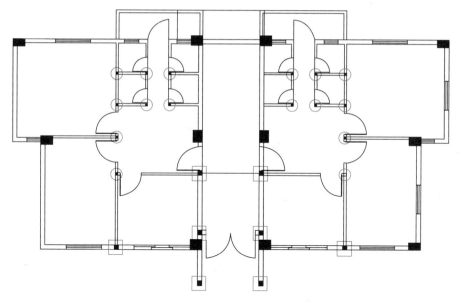

图 2.5.2　构造柱位置示意图

3. 过梁信息

根据《教师公寓楼》结施-02，在结构设计总说明第五点可找到门窗过梁表，如图 2.5.3 所示。

钢筋混凝土过梁 洞宽(b)	混凝土 强度等级	梁宽	过梁高	上部筋1	下部筋2	箍筋3
b≤1200	C25	同墙厚	100	2Φ10	2Φ10	Φ6@200
1200<b≤1800	C25	同墙厚	120	2Φ12	2Φ12	Φ6@200
1800<b≤2400	C25	同墙厚	180	2Φ14	2Φ14	Φ6@150

图 2.5.3　门窗过梁表示意

三、任务流程

1. 进行门窗洞口、构造柱和过梁的属性分析；
2. 进行门窗洞口、构造柱和过梁的定义；
3. 套用门窗洞口、构造柱和过梁的做法；
4. 进行门窗洞口、构造柱和过梁的绘制；
5. 汇总计算门窗洞口、构造柱和过梁工程量。

四、操作步骤

（一）门窗洞口、构造柱和过梁的定义

1. 门构件定义

在导航树中选择"门窗洞"→"门"，在构件列表中选择"新建矩形门"，建好的 M1

如图 2.5.4 所示。

属性列表		
	属性名称	属性值
1	名称	M1
2	洞口宽度(mm)	1000
3	洞口高度(mm)	2100
4	离地高度(mm)	0
5	框厚(mm)	60
6	立樘距离(mm)	0
7	洞口面积(m²)	2.1
8	框外围面积(m²)	(2.1)
9	框上下扣尺寸(...	0
10	框左右扣尺寸(...	0
11	是否随墙变斜	否

图 2.5.4 M1 门构件属性

2. 窗构件定义

在导航树中选择"门窗洞" → "窗",在构件列表中选择"新建矩形窗",窗需设置离地高度,离地高度见门窗表及墙立面图标注,建好的 C1、C2 如图 2.5.5 及图 2.5.6 所示 (C2 窗是楼梯间的窗,立面图显示其离地高度为 2.4m,因为窗顶标高刚好到框架梁底,所以无过梁)。

属性列表		
	属性名称	属性值
1	名称	C1
2	类别	普通窗
3	顶标高(m)	14.4
4	洞口宽度(mm)	600
5	洞口高度(mm)	1200
6	离地高度(mm)	900
7	框厚(mm)	60
8	立樘距离(mm)	0
9	洞口面积(m²)	0.72
10	框外围面积(m²)	(0.72)
11	框上下扣尺寸(...	0
12	框左右扣尺寸(...	0
13	是否随墙变斜	是

图 2.5.5 C1 窗构件属性

属性列表		
	属性名称	属性值
1	名称	C2
2	类别	普通窗
3	顶标高(m)	层底标高+3.9
4	洞口宽度(mm)	1200
5	洞口高度(mm)	1500
6	离地高度(mm)	2400
7	框厚(mm)	60
8	立樘距离(mm)	0
9	洞口面积(m²)	1.8
10	框外围面积(m²)	(1.8)
11	框上下扣尺寸(...	0
12	框左右扣尺寸(...	0
13	是否随墙变斜	是

图 2.5.6 C2 窗构件属性

门窗等构件新建好后,需要进行套用做法操作。根据规范要求,套用做法可通过手动添加清单定额、查询清单定额库添加、查询匹配清单定额等功能添加实现。

构件定义好后,打开"定义"界面,选择"构件做法",单击"添加清单",做法套用如图 2.5.7 和图 2.5.8 所示。

编码	类别	名称	项目特征	单位	工程量表达式	表达式说明
⊟ 010801001	项	木质门	1.门类型:平开胶合板木门M1 2.框截面尺寸、骨架材料种类、面层材料品种:详见门窗大样 3.五金材料:普通合页、弓背拉手、插销 4.油漆品种、刷漆遍数:刮桐油灰腻子两遍,调和漆两遍	m2	DKMJ	DKMJ〈洞口面积〉
A1-9-7	定	无纱镶板门、胶合板门安装 无亮 单扇		m2	DKMJ	DKMJ〈洞口面积〉

图 2.5.7　门构件做法

编码	类别	名称	项目特征	单位	工程量表达式	表达式说明
⊟ 010807001	项	金属(塑钢、断桥)窗	1.窗代号及洞口尺寸:铝合金推拉窗C1 2.框、扇材质:铝合金 3.玻璃品种、厚度:5mm厚平玻	m2	DKMJ	DKMJ〈洞口面积〉
A1-9-207	定	推拉窗安装		m2	DKMJ	DKMJ〈洞口面积〉

图 2.5.8　窗构件做法

3. 构造柱构件定义

在导航树中选择"柱"→"构造柱",在构件列表中选择"新建矩形构造柱",建好的构造柱如图 2.5.9 所示。

	属性名称	属性值
1	名称	GZ1
2	类别	构造柱
3	截面宽度(B边)(...	180
4	截面高度(H边)(...	500
5	马牙槎设置	带马牙槎
6	马牙槎宽度(mm)	60
7	全部纵筋	6Φ14
8	角筋	
9	B边一侧中部筋	
10	H边一侧中部筋	
11	箍筋	Φ8@200(2*3)
12	箍筋肢数	2*3
13	材质	商品混凝土
14	混凝土类型	(混凝土20石)
15	混凝土强度等级	(C20)
16	混凝土外加剂	(无)
17	泵送类型	(混凝土泵)
18	泵送高度(m)	
19	截面周长(m)	1.36
20	截面面积(m²)	0.09
21	顶标高(m)	层顶标高
22	底标高(m)	层底标高

图 2.5.9　构造柱构件属性

构造柱构件新建好后，需要进行套用做法操作，打开"定义"界面，选择"构件做法"，单击"添加清单"，做法套用如图 2.5.10 所示。

编码	类别	名称	项目特征	单位	工程量表达式	表达式说明	单价
⊟ 010502002	项	构造柱	1.混凝土种类:现浇 2.混凝土强度等级:C25	m3	TJ	TJ〈体积〉	
A1-5-5	定	现浇建筑物混凝土 矩形、多边形、异形、圆形柱、钢管柱		m3	TJ	TJ〈体积〉	1757.44
⊟ 011702003	项	构造柱	1.柱截面尺寸:周长1.2内 2.结构类型:现浇混凝土 3.柱高:3.6m内	m2	MBMJ	MBMJ〈模板面积〉	
A1-20-14	定	矩形柱模板(周长m) 支模高度 3.6m内 1.2内		m2	MBMJ	MBMJ〈模板面积〉	6233.65

图 2.5.10　构造柱构件做法

4. 过梁构件的定义

在导航树中选择"门窗洞"→"过梁"，在构件列表中选择"新建矩形过梁"，建好的过梁如图 2.5.11 所示。

	属性名称	属性值
1	名称	GL-1
2	截面宽度(mm)	
3	截面高度(mm)	100
4	中心线距左墙...	(0)
5	全部纵筋	
6	上部纵筋	2Φ10
7	下部纵筋	2Φ10
8	箍筋	Φ6@200
9	肢数	2
10	材质	商品混凝土
11	混凝土类型	(混凝土20石)
12	混凝土强度等级	(C20)
13	混凝土外加剂	(无)
14	泵送类型	(混凝土泵)
15	泵送高度(m)	
16	位置	洞口上方
17	顶标高(m)	洞口顶标高加过梁...
18	起点伸入墙内...	250
19	终点伸入墙内...	250
20	长度(mm)	(500)

图 2.5.11　过梁构件属性

过梁构件新建好后，需要进行套用做法操作，打开"定义"界面，选择"构件做法"，单击"添加清单"，做法套用如图 2.5.12 所示。

编码	类别	名称	项目特征	单位	工程量表达式	表达式说明
⊟ 010503005	项	过梁	1.混凝土种类:现浇混凝土 2.混凝土强度等级:C20	m3	TJ	TJ〈体积〉
A1-5-10	定	现浇建筑物混凝土 圈、过、弧形梁		m3	TJ	TJ〈体积〉
⊟ 011702009	项	过梁	1.支撑高度: 3.6m内	m2	MBMJ	MBMJ〈模板面积〉
A1-20-33	定	单梁、连续梁模板(梁宽cm) 25以内 支模高度3.6m		m2	MBMJ	MBMJ〈模板面积〉

图 2.5.12　过梁构件做法

（二）门窗洞口、构造柱和过梁的绘制

1. 门窗洞口的绘制

门窗洞构件属于墙的附属构件，也就是说门窗洞构件必须绘制在墙上。绘制方式有两种：点画、精确布置。

（1）点画

门窗最常用的是点画。对于计算来说，一段墙扣减门窗洞口面积，只要门窗绘制在墙上即可，一般对于位置要求不用很精，所以直接采用点画即可。在点画时，软件默认开启动态输入的数值框，可直接输入一边距墙端头的距离，或通过"Tab"键切换输入框。

（2）精确布置

当门窗紧邻柱等构件布置时，考虑其上过梁与旁边的柱、墙扣减关系，需要对这些门窗精确定位，如图 2.5.13 所示。

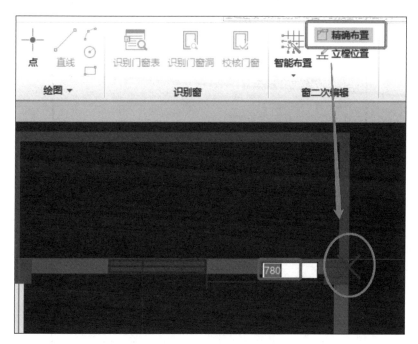

图 2.5.13　"精确布置"门窗绘制

2. 构造柱的绘制

（1）点画

构造柱的绘制方式以与框架柱相同，都是以点画为主，在建模界面，在"构件列表"中选择一个已经定义的构件，如"GZ1"，找到构件的位置点鼠标左键，软件默认按中心点位置点画，可以通过键盘中"F4"键，切换插入点，找到适合的点画位置，如图 2.5.14 所示。

（2）生成构造柱

当图纸中没有明确绘制构造柱位置时，可以参考图纸中对构造柱位置设置的说明设置构造柱，常见的构造柱位置设置如图 2.5.15 所示，此处不做详细讲解。

3. 过梁的绘制

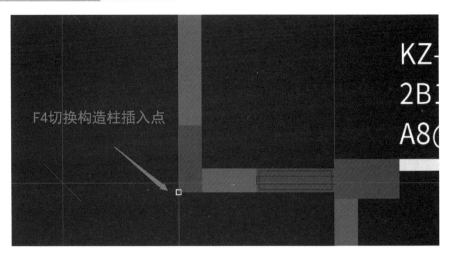

图 2.5.14　点画

图 2.5.15　生成构造柱

　　过梁绘制可对照门窗过梁表的位置用点画布置，也可以选择"智能布置"，按"门窗洞口宽度"绘制。如图 2.5.16～图 2.5.18 所示。

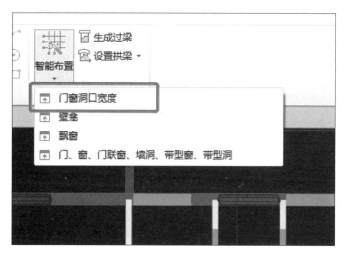

图 2.5.16　"智能布置"过梁

图 2.5.17　门窗洞宽小于 1200 过梁属性

图 2.5.18　门窗洞宽大于 1800 过梁属性

绘制完成的门窗及过梁等会形成自动扣减关系，需要看清楚离地高度、门窗尺寸等相关内容，C2 窗为楼梯间窗，因此高出本楼层，效果如图 2.5.19 所示。

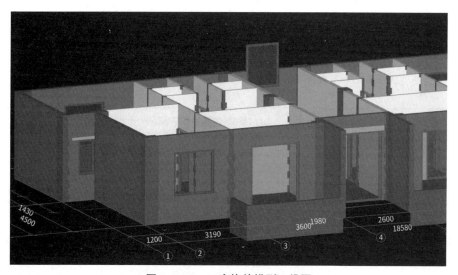

图 2.5.19　二次构件模型三维图

（三）汇总计算

门窗洞口、构造柱和过梁绘制完成后，在工程量页签下进行云检查，云检查无误后进行"汇总计算"（快捷键"F9"），弹出汇总计算对话框，选择首层门窗进行汇总计算（方法同柱，参考柱工程，此处不再详细讲解）。门窗工程量计算结果见表 2.5.1。

门窗工程汇总计算   表 2.5.1

编码	项目名称	项目特征	单位	工程量
010502002001	构造柱	1. 混凝土种类:现浇 2. 混凝土强度等级:C25	m^3	1.9324
A1-5-5	现浇建筑物混凝土 矩形、多边形、异形、圆形柱、钢管柱		$10m^3$	0.19324
010503005001	过梁	1. 混凝土种类:现浇 2. 混凝土强度等级:C20	m^3	0.3492
A1-5-10	现浇建筑物混凝土 圈、过、弧形梁		$10m^3$	0.03492
010801001001	木质门	1. 门类型:平开胶合板木门 M2 2. 框截面尺寸、骨架材料种类、面层材料品种:详见门窗大样 3. 五金材料:普通合页、弓背拉手、插销 4. 油漆品种、刷漆遍数:刮桐油灰腻子两遍,调合漆两遍	m^2	11.34
A1-9-7	无纱镶板门、胶合板门安装 无亮 单扇		$100m^2$	0.1134
010801001002	木质门	1. 门类型:平开胶合板木门 M1 2. 框截面尺寸、骨架材料种类、面层材料品种:详见门窗大样 3. 五金材料:普通合页、弓背拉手、插销 4. 油漆品种、刷漆遍数:刮桐油灰腻子两遍,调合漆两遍	m^2	4.2
A1-9-7	无纱镶板门、胶合板门安装 无亮 单扇		$100m^2$	0.042
010802001001	金属(塑钢)门	1. 门类型:塑钢平开门 M3 2. 玻璃品种、厚度:5mm 厚平玻 3. 五金材料:闭门器、管于拉手、门碰珠、门锁	m^2	9.6
A1-9-180	塑钢门安装 平开		$100m^2$	0.096
010802001002	金属(塑钢)门	1. 门类型:铝合金推拉门 TLM1 2. 玻璃品种、厚度:5mm 厚平玻 3. 五金材料:滑轮滑轨、卡锁(型号详见设计图)	m^2	8.64

续表

编码	项目名称	项目特征	单位	工程量
A1-9-205	推拉门安装　铝合金门		100m²	0.0864
010802001003	金属(塑钢)门	1. 门类型:铝合金平开门 M7 2. 玻璃品种、厚度:5mm 厚平玻 3. 五金材料:滑轮滑轨、卡锁(型号详见设计图 1/20)	m²	4.32
010802001004	金属(塑钢)门	1. 门类型:铝合金平开门 M6 2. 玻璃品种、厚度:5mm 厚平玻 3. 五金材料:滑轮滑轨、卡锁(型号详见设计图 1/20)	m²	5.04
A1-9-205	推拉门安装　铝合金门		100m²	0.0504
010807001001	金属(塑钢、断桥)窗	1. 窗代号及洞口尺寸:铝合金推拉窗 C1 2. 框、扇材质:铝合金 3. 玻璃品种、厚度:5mm 厚平玻	m²	4.32
A1-9-207	推拉窗安装		100m²	0.0432
010807001002	金属(塑钢、断桥)窗	1. 窗代号及洞口尺寸:铝合金推拉窗 C3 2. 框、扇材质:铝合金 3. 玻璃品种、厚度:5mm 厚平玻	m²	9
A1-9-207	推拉窗安装		100m²	0.09
010807001003	金属(塑钢、断桥)窗	1. 窗代号及洞口尺寸:铝合金推拉窗 C2 2. 框、扇材质:铝合金 3. 玻璃品种、厚度:5mm 厚平玻	m²	5.4
A1-9-207	推拉窗安装		100m²	0.054
011702003001	构造柱	1. 柱截面尺寸:周长 1.2 内 2. 结构类型:现浇混凝土 3. 柱高:3.6m 内	m²	47.142
A1-20-14	矩形柱模板(周长 m)　1.2 内　支模高度 3.6m 内		100m²	0.47142
011702009001	过梁	1. 支撑高度:3.6m 内	m²	7.698
A1-20-33	单梁、连续梁模板(梁宽 cm)25 以内　支模高度 3.6m		m²	0.07698

任务小结

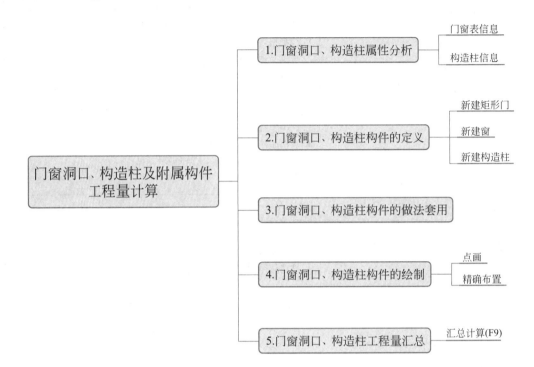

门窗洞口、构造柱及附属构件工程量计算
- 1.门窗洞口、构造柱属性分析
  - 门窗表信息
  - 构造柱信息
- 2.门窗洞口、构造柱构件的定义
  - 新建矩形门
  - 新建窗
  - 新建构造柱
- 3.门窗洞口、构造柱构件的做法套用
- 4.门窗洞口、构造柱构件的绘制
  - 点画
  - 精确布置
- 5.门窗洞口、构造柱工程量汇总
  - 汇总计算(F9)

任务6　楼梯工程量计算　工作页

学习任务6	楼梯工程量计算	建议学时	6
学习目标	1. 掌握楼梯构件的属性分析； 2. 掌握楼梯构件的定义； 3. 掌握楼梯构件的做法套用； 4. 掌握楼梯构件的绘制； 5. 掌握楼梯工程量汇总； 6. 培养学生的认真、耐心素养		
任务描述	本任务是熟练掌握广联达 GTJ2021 楼梯模型构建和工程量汇总。依据《建设工程工程量清单计价规范》GB 50500—2013 的有关规定和广州市某教师公寓楼工程设计图纸和相关标准、规范、技术资料，《广东省房屋建筑与装饰工程综合定额（2018）》，广州市 2021 年 3 月信息价以及配套解释和相关文件等进行模型构建		
学习过程	引导性问题1：查阅《教师公寓楼》图纸，仔细阅读结构平面图中楼梯的信息，回答以下问题： (1)本工程中有多少种类型的楼梯？ (2)楼梯的钢筋种类有哪些？ (3)楼梯休息平台的标高是多少？ 引导性问题2：根据《建设工程工程量清单计价规范》GB 50500—2013 写出混凝土楼梯的清单信息。 混凝土楼梯的清单编码是_____，项目特征有_____，计量单位为_____，混凝土楼梯清单工程量计算规则是_____。 引导性问题3：绘制楼梯模型的命令有哪些？ 引导性问题4：如何查看所绘制混凝土楼梯的清单工程量计算式？ 引导性问题5：如何导出报表？		
知识点归纳	详见任务小结思维导图		
课后要求	1. 复习"任务6　楼梯工程量计算"的相关内容； 2. 用软件构建《教师公寓楼》图纸楼梯模型并检查工程量是否正确		

任务6 楼梯工程量计算

情境导入

本案例为《教师公寓楼》工程。利用软件完成首层楼梯构件的绘制及工程量计算。

一、任务内容

本任务需要先了解楼梯构件的各项数据来源。在软件中通过新建、属性定义、绘制完成楼梯工程量计算。

二、任务分析

根据《教师公寓楼》"结施-14",得到楼梯的信息:采用 C25 混凝土,下梯段采用 AT形,上梯段采用 CT 形,平台板厚 120mm,现浇楼梯。如图 2.6.1 所示。

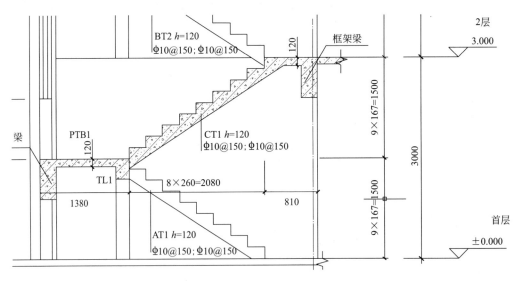

图 2.6.1 楼梯结构剖面

三、任务流程

1. 进行楼梯构件的属性分析;
2. 进行楼梯构件的定义;

3. 套用楼梯构件的做法；

4. 进行楼梯构件的绘制；

5. 汇总楼梯工程量。

四、操作步骤

（一）楼梯的定义

1. 楼梯构件定义

按各地区楼梯计算规则的不同，楼梯可以按照水平投影面积布置，也可绘制参数化楼梯，本工程按照广东省计算规则，楼梯按体积计算，因此采用参数化布置，方便计算楼梯混凝土工程量及底面抹灰等装修工程的工程量。

本例中楼梯为直形双跑楼梯，在导航树中选择"楼梯"，在构件列表中选择新建"参数化楼梯"，选择"标准双跑"，如图 2.6.2 所示。

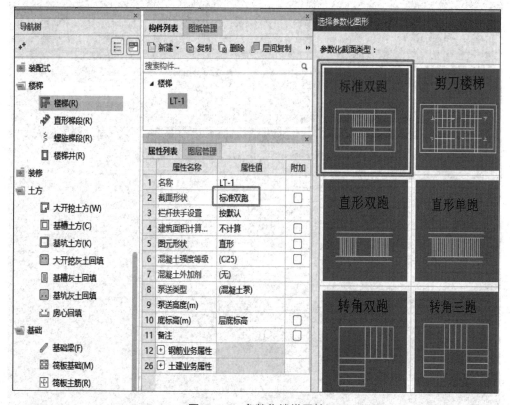

图 2.6.2　参数化楼梯属性

进入"选择参数化图形"对话框，按照图 2.6.3 及图 2.6.4 中所示参数设置。

2. 楼梯做法套用

楼梯等构件新建好后，需要进行套用做法操作。根据规范要求，套用做法可通过手动添加清单定额、查询清单定额库添加、查询匹配清单定额等功能添加实现。打开"定义"界面，选择"构件做法"，单击"添加清单"，做法套用如图 2.6.5 所示。

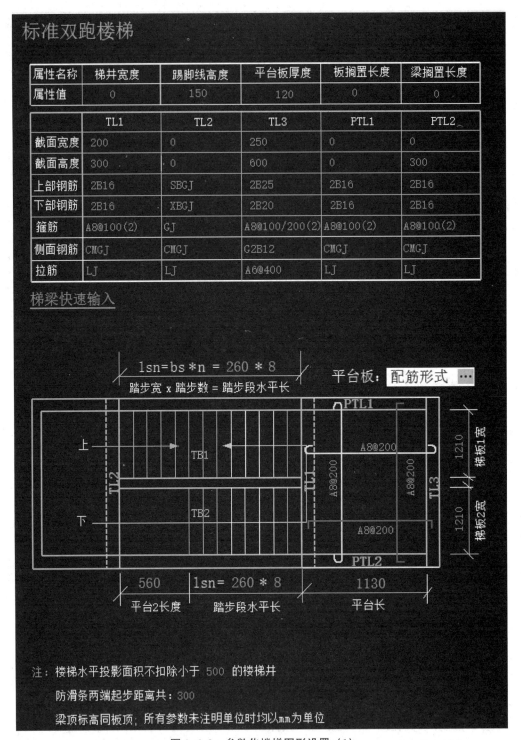

标准双跑楼梯

属性名称	梯井宽度	踢脚线高度	平台板厚度	板搁置长度	梁搁置长度
属性值	0	150	120	0	0

	TL1	TL2	TL3	PTL1	PTL2
截面宽度	200	0	250	0	0
截面高度	300	0	600	0	300
上部钢筋	2B16	SBGJ	2B25	2B16	2B16
下部钢筋	2B16	XBGJ	2B20	2B16	2B16
箍筋	A8@100(2)	GJ	A8@100/200(2)	A8@100(2)	A8@100(2)
侧面钢筋	CMGJ	CMGJ	G2B12	CMGJ	CMGJ
拉筋	LJ	LJ	A6@400	LJ	LJ

梯梁快速输入

lsn=bs*n = 260 * 8
踏步宽 x 踏步数 = 踏步段水平长

平台板：配筋形式 ⋯

560 / lsn= 260 * 8 / 1130
平台2长度 / 踏步段水平长 / 平台长

注：楼梯水平投影面积不扣除小于 500 的楼梯井

防滑条两端起步距离共：300

梁顶标高同板顶；所有参数未注明单位时均以mm为单位

图 2.6.3　参数化楼梯图形设置（1）

　　注：1. 表格参数中的 TL2 为楼层框架梁，且不可分割，因此在楼梯参数中不再输入，在框架梁 KL2 中此跨按照楼梯梁套取做法。

　　2. 本工程为现浇结构，因此无搁置长度。

　　3. PTL1、PTL2 均在梁构件中设置，做法按楼梯构件套用。

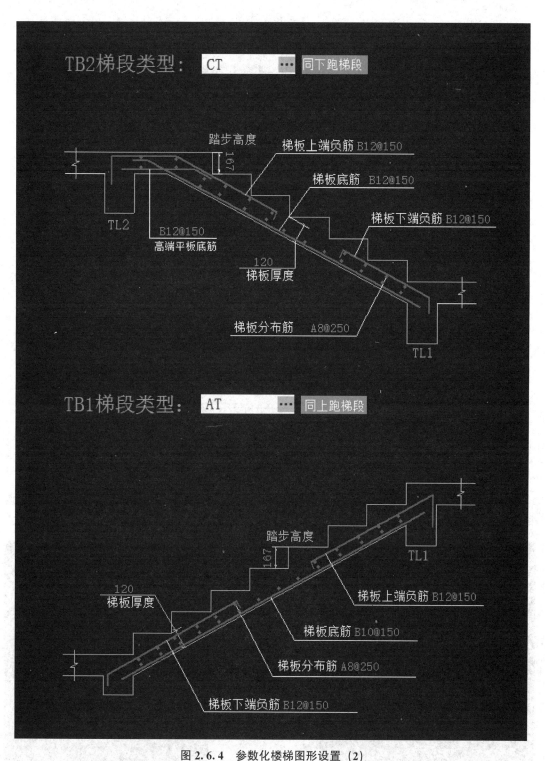

图 2.6.4　参数化楼梯图形设置（2）

注：TL2 为楼层框架梁，此处不输入尺寸计算。

编码	类别	名称	项目特征	单位	工程量表达式	表达式说明
⊟ 010506001	项	直形楼梯	1.混凝土种类:现浇 2.混凝土强度等级:C25	m3	TJ	TJ〈体积〉
⌐ A1-5-21	定	现浇建筑物混凝土 直形楼梯		m3	TJ	TJ〈体积〉
⊟ 011702024	项	楼梯	1.类型:双跑楼梯 2.浇筑类型:现浇整体楼梯	m2	TYMJ	TYMJ〈水平投影面积〉
⌐ A1-20-92	定	楼梯模板 直形		m2	TYMJ	TYMJ〈水平投影面积〉
⊟ 011106002	项	块料楼梯面层	1.找平层砂浆配合比、厚度:素水泥浆一遍、20mm厚1:3水泥砂浆 2.粘结层厚度、砂浆配合比:20mm厚1:2干硬性水泥砂浆 3.面层材料品种、规格:防滑地砖 4.嵌缝材料种类:水泥浆擦缝 5.防滑条材料种类、规格:与成品地砖配套的防滑条	m2	TYMJ	TYMJ〈水平投影面积〉
⌐ A1-12-77	定	铺贴陶瓷地砖 楼梯 水泥砂浆		m2	TYMJ	TYMJ〈水平投影面积〉
⊟ 011406001	项	抹灰面油漆	1.基层类型:一般抹灰面 2.刮腻子遍数:2遍 3.油漆品种、刷漆遍数:乳胶漆两遍 4.部位:楼梯底部	m2	DBMHMJ	DBMHMJ〈底部抹灰面积〉
⌐ A1-15-161	定	乳胶漆底油二遍面油二遍 抹灰面 天棚面		m2	DBMHMJ	DBMHMJ〈底部抹灰面积〉
⊟ 011105003	项	块料踢脚线	1.踢脚线高度:150mm 2.底层厚度、砂浆配合比:20mm1:8水泥石灰砂浆 3.粘结层厚度、材料种类:4mm1:1水泥砂浆粘贴 4.面层材料品种、规格:300mm×150mm瓷砖 5.嵌缝材料种类:水泥浆擦缝	m2	TJXMMJ	TJXMMJ〈踢脚线面积（斜）〉
⌐ A1-12-79	定	铺贴陶瓷地砖 踢脚线 水泥砂浆		m2	TJXMMJ	TJXMMJ〈踢脚线面积（斜）〉

图 2.6.5 楼梯做法

（二）楼梯的绘制

1. 首层楼梯绘制

楼梯可以用点画，点画时需要注意楼梯平面图中的位置，如图 2.6.6 所示。绘制的楼梯图元如图 2.6.7 所示。

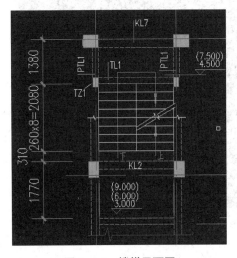

图 2.6.6 楼梯平面图

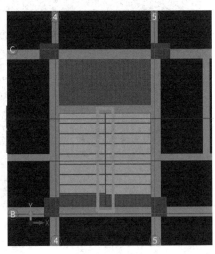

图 2.6.7 楼梯绘制

楼梯绘制完后如需计算栏杆扶手工程的，可以对楼梯栏杆扶手参数进行修改，如图 2.6.8 所示。

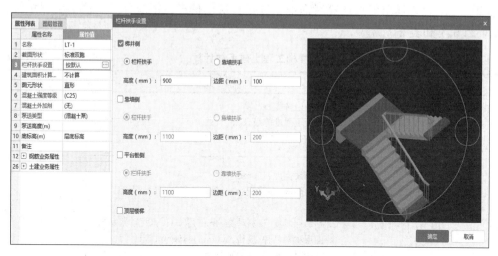

图 2.6.8　楼梯栏杆扶手设置修改

2. 首层梯柱绘制

绘制完楼梯后，可以按照图纸中梯柱及楼梯踏步等相关属性对楼梯进行绘制。如图 2.6.9 所示。

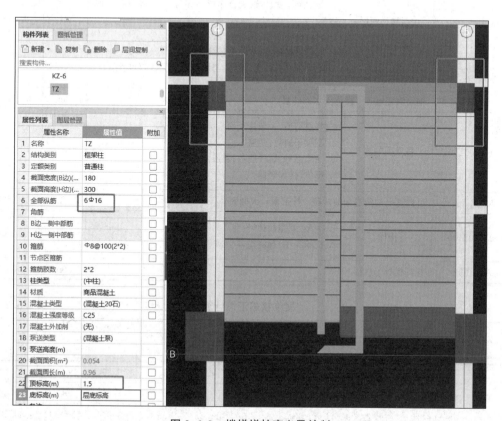

图 2.6.9　楼梯梯柱定义及绘制

（三）汇总计算

楼梯构件绘制完成后，在工程量页签下进行云检查，云检查无误后进行"汇总计算"（快捷键"F9"），弹出汇总计算对话框，选择首层楼梯进行汇总计算。楼梯工程量计算结果见表 2.6.1 和表 2.6.2。

楼梯工程土建汇总计算　　　　　　　　　　　　　　　　　表 2.6.1

编码	项目名称	项目特征	单位	工程量
010506001001	直形楼梯	1. 混凝土种类:现浇 2. 混凝土强度等级:C25	m³	2.091
A1-5-21	现浇建筑物混凝土　直形楼梯		10m³	0.2091
011105003001	块料踢脚线	1. 踢脚线高度:150mm 2. 底层厚度、砂浆配合比:20mm 厚 1∶1∶8 水泥石灰砂浆 3. 粘结层厚度、材料种类:4mm 厚 1∶1 水泥砂浆粘贴 4. 面层材料品种、规格:300mm×150mm 瓷砖 5. 嵌缝材料种类:水泥浆擦缝	m²	1.487
A1-12-79	铺贴陶瓷地砖　踢脚线　水泥砂浆		100m²	0.01487
011106002001	块料楼梯面层	1. 找平层砂浆配合比、厚度:素水泥浆一遍、20mm 厚 1∶3 水泥砂浆 2. 粘结层厚度、砂浆配合比:20mm 厚 1∶2 干硬性水泥砂浆 3. 面层材料品种、规格:防滑地砖 4. 嵌缝材料种类:水泥浆擦缝 5. 防滑条材料种类、规格:与成品地砖配套的防滑条	m²	9.0508
A1-12-77	铺贴陶瓷地砖　楼梯　水泥砂浆		100m²	0.090508
011406001001	抹灰面油漆	1. 基层类型:一般抹灰面 2. 刮腻子遍数:两遍 3. 油漆品种、刷漆遍数:乳胶漆两遍 4. 部位:楼梯底部	m²	13.8887
A1-15-161	乳胶漆底油两遍面油两遍　抹灰面　天棚面		100m²	0.138887
011702024001	楼梯	1. 类型:双跑楼梯 2. 浇筑类型:现浇整体楼梯	m²	9.0508
A1-20-92	楼梯模板　直形		100m²	0.090508

楼梯钢筋汇总计算　　　　　　　　　　　　　　　　　表 2.6.2

楼层名称	构件类型	钢筋总重 (kg)	HPB300		HRB335				
			6	8	10	12	16	20	25
首层	楼梯	222.592	0.581	64.751	14.22	73.05	19.864	19.202	30.924
	其他	98.8						98.8	
	合计	321.392	0.581	64.751	14.22	73.05	19.864	118.002	30.924

任务小结

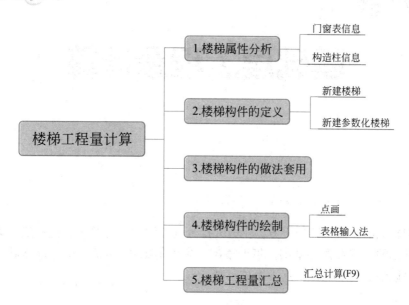

模块 3

基础层工程量计算

Chapter 03

 导学

　　在基础施工前，需先开挖土方。土方开挖分为挖沟槽、挖基坑、挖一般土方三类。房屋建筑中常见的基础有独立基础、带形基础（条形基础）、满堂基础、桩基础等。基础的下方还需要做垫层。本工程设计采用桩基础。

任务 1 基础工程量计算 工作页

学习任务 1	基础工程量计算	建议学时	8
学习目标	1. 能用软件新建桩承台、基础梁、垫层和桩; 2. 能正确修改桩承台、基础梁、垫层和桩的属性; 3. 能正确绘制桩承台、基础梁、垫层和桩; 4. 能统计并查看基础工程量; 5. 增强学生们对 BIM 操作规律的认识,运用科学发展观解释 BIM 操作规律		
任务描述	本任务需要先了解基础的类型,通过读图找到基础数据。在软件中通过新建、属性定义、绘制完成工程量计算		
学习过程	查阅《教师公寓楼》图纸,仔细阅读基础平面图、基础详图及基础梁平面图,并完成以下学习内容。 引导性问题 1:常见的基础类型有哪些? 引导性问题 2:桩基础可分为哪些类型? 引导性问题 3:桩基础由哪些部分组成? 引导性问题 4:基础联系梁和基础梁是一回事吗?		
知识点归纳	见任务小结思维导图		
课后要求	1. 复习"任务 1 基础工程量计算"的相关内容; 2. 预习"任务 2 土方工程量计算"		

任务 1 基础工程量计算

情境导入

本案例为《教师公寓楼》工程，框架结构，基础部分采用桩基础，标高-0.5m 的位置还有 C30 基础梁，承台和基础梁底下方有宽出 100mm 的 C15 混凝土垫层。本次任务为用软件完成基础各构件的绘制及工程量计算。

一、任务内容

本任务需要先了解基础的类型，通过读图找到基础数据。在软件中通过新建、属性定义、绘制完成工程量计算。

二、任务分析

由基础结构平面图纸，可知本案例中的基础为桩基础，承台混凝土强度等级为 C30，底标高为-1.5m；在-0.5m 标高处有基础梁，混凝土强度等级为 C30；工程桩承台和基础梁处有垫层，为 100mm 厚的混凝土，垫层出边距离为 100mm。如图 3.1.1 所示。

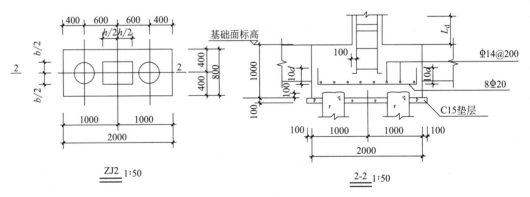

图 3.1.1　桩基础平面图

三、任务流程

要完成任务必须要进行以下步骤：

1. 进行基础各构件的属性分析；
2. 进行基础各构件的定义；

3. 套用基础各构件的做法；

4. 进行基础各构件的绘制；

5. 汇总计算基础工程量。

四、操作步骤

（一）桩承台的定义和绘制

1. 桩承台属性定义

切换楼层为"基础层"，在导航树中单击"桩承台"，在构件列表中单击"新建"→"新建桩承台"建立 ZCT-1，如图 3.1.2 所示。对照图纸修改承台属性，如图 3.1.3 所示。

图 3.1.2　新建桩承台　　　　　图 3.1.3　修改桩承台属性

2. 桩承台单元属性设置

建立完桩承台之后，在"新建"列表中选择"建立桩承台单元"，选择"矩形承台"，"配筋形式"中选择"均不翻起二"，如图 3.1.4 所示设置承台配筋。

3. 桩承台的做法套用

在这里需要注意：构件做法要在 ZCT-1-1 中套用，工程量表达式那一列不能为空，否则软件不会计算相应的工程量。如图 3.1.5 所示。

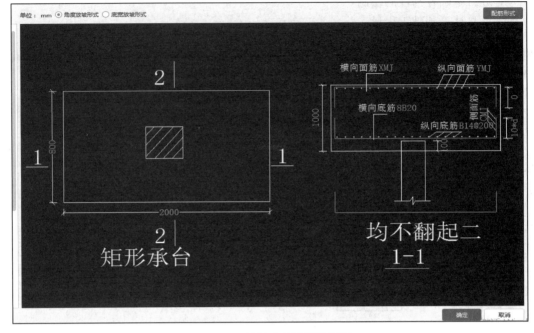

图 3.1.4　桩承台单元属性设置

编码	类别	名称	项目特征	单位	工程量表达式	表达式说明	单价
⊟ 010501005	项	桩承台基础	1. 混凝土种类：现浇 2. 混凝土强度等级：C30	m3	TJ	TJ〈体积〉	
A1-5-1	定	现浇建筑物混凝土 毛石混凝土基础		m3	TJ	TJ〈体积〉	1074.6
⊟ 011702001	项	基础	1. 基础类型：桩承台基础	m2	MBMJ	MBMJ〈模板面积〉	
A1-20-13	定	桩承台模板		m2	MBMJ	MBMJ〈模板面积〉	4587.47

图 3.1.5　桩承台做法

4. 桩承台绘制

桩承台绘制可对照"桩位平面图"上的位置点画，或者可以把首层柱复制到基础层，选择"智能布置"，按"柱"绘制。

（二）基础联系梁的定义和绘制

1. 基础联系梁属性定义

本图纸中的 JKL1 属于基础联系梁。在梁构件中，选择"新建"→"楼层框架梁"，选择结构类别为"基础联系梁"，对照图纸修改基础联系梁的属性，如图 3.1.6 和图 3.1.7 所示。

用相同的操作新建定义完成其他基础联系梁。

2. 基础联系梁做法套用

基础梁的做法套用，如图 3.1.8 所示。其他基础梁清单的做法套用相同，可采用做法刷功能完成做法套用。

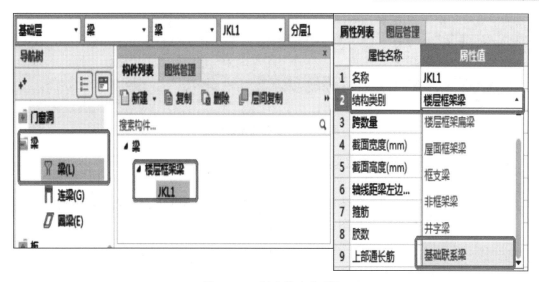

图 3.1.6 新建基础联系梁

	属性名称	属性值	附加
1	名称	JKL1(3)	
2	结构类别	基础联系梁	☐
3	跨数量		☐
4	截面宽度(mm)	250	☐
5	截面高度(mm)	600	☐
6	轴线距梁左边...	(125)	☐
7	箍筋	Ф8@100/150(2)	☐
8	胶数	2	
9	上部通长筋	2Ф20	☐
10	下部通长筋	2Ф20	☐
11	侧面构造或受...	G2Ф14	☐
12	拉筋	(Ф6)	☐
13	定额类别	有梁板	☐
14	材质	商品混凝土	☐
15	混凝土类型	(混凝土20石)	☐
16	混凝土强度等级	C30	☐
17	混凝土外加剂	(无)	☐
18	泵送类型	(混凝土泵)	☐
19	泵送高度(m)		
20	截面周长(m)	1.7	☐
21	截面面积(m²)	0.15	☐
22	起点顶标高(m)	-0.5	☐
23	终点顶标高(m)	-0.5	☐

图 3.1.7 基础联系梁 JKL1 属性设置

基础梁
（一）

基础梁
（二）

3. 基础联系梁绘制

基础联系梁可用"直线"的方式沿着图纸中给出的位置绘制，绘制方法同一层、二层框架梁。

编码	类别	名称	项目特征	单位	工程量表达式	表达式说明	单价
⊟ 010503001	项	基础梁	1. 混凝土种类:现浇 2. 混凝土强度等级:C30	m3	TJ	TJ〈体积〉	
A1-5-8	定	现浇建筑物混凝土 基础梁		m3	TJ	TJ〈体积〉	708.17
⊟ 011702005	项	基础梁	1. 基础类型:基础连系梁 2. 梁顶标高:-0.5m	m2	MBMJ	MBMJ〈模板面积〉	
A1-20-32	定	基础梁模板		m2	MBMJ	MBMJ〈模板面积〉	5482.73

图 3.1.8　基础联系梁做法

（三）垫层的定义和绘制

1. 垫层属性定义

分别新建线型垫层（基础梁）和面型垫层（桩承台），线型垫层和面型垫层的属性定义如图 3.1.9 及图 3.1.10 所示。

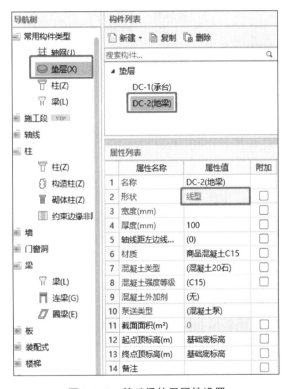

图 3.1.9　基础梁垫层属性设置

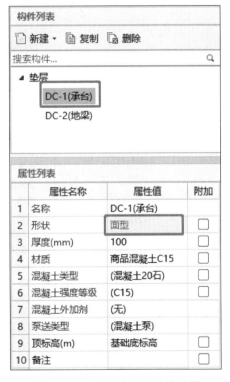

图 3.1.10　桩承台垫层属性设置

2. 垫层的做法套用

垫层的做法套用如图 3.1.11 所示。

编码	类别	名称	项目特征	单位	工程量表达式	表达式说明	单价
⊟ 010501001	项	垫层	1. 混凝土种类:现浇 2. 混凝土强度等级:C15	m3	TJ	TJ〈体积〉	
A1-5-78	定	混凝土垫层		m3	TJ	TJ〈体积〉	752.74
⊟ 011702001	项	基础	1. 基础类型:基础垫层	m2	MBMJ	MBMJ〈模板面积〉	
A1-20-12	定	基础垫层模板		m2	MBMJ	MBMJ〈模板面积〉	2816.93

图 3.1.11　垫层做法

3. 垫层绘制

桩承台下方的垫层属于点式构件，选择"智能布置"→"桩承台"，在弹出的对话框中输入出边距离"100"，单击"确定"按钮，框选桩承台，垫层就布置好了。基础梁下方的垫层属于线型构件，选择"智能布置"→"基础梁"，在弹出的对话框中输入左右出边距离"100"，单击"确定"按钮，框选基础梁，垫层就布置好了。

（四）桩的定义和绘制

1. 桩属性定义

鼠标左键单击"桩"，新建"参数化桩"，选择圆形桩。对照图纸修改直径长度，如图 3.1.12 和图 3.1.13 所示。

图 3.1.12　桩属性设置

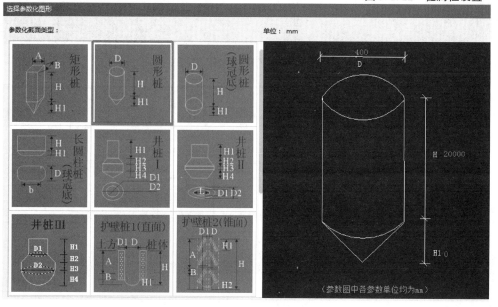

图 3.1.13　桩属性

2. 桩的做法套用

桩的做法套用不考虑试验桩和送桩，桩尖按 16.72kg/个。如图 3.1.14 所示。

编码	类别	名称	项目特征	单位	工程量表达式	表达式说明	单价
⊟ 010301002	项	预制钢筋混凝土管桩	1.地层情况:硬质地层 2.桩长:20m 3.桩外径、壁厚:400mm以内 4.接桩方法:电焊接桩 5.沉桩方法:静力压桩法 6.混凝土强度等级:C80高强度混凝土 7.填充材料种类:C30微膨胀细石混凝土	m	SL	SL〈数量〉	
A1-3-19	定	打预制管桩 桩径(mm) 400 陆上		m	CD	CD〈长度〉	15921.84
A1-3-47	定	管桩电焊接桩 φ400		个	SL	SL〈数量〉	1071.46
⊟ 010301005	项	桩尖	1.桩尖类型:平底十字形钢桩尖 2.桩尖质量:每个16.72kg 3.规格尺寸:详见图纸大样	个	SL	SL〈数量〉	
A1-3-42	定	钢桩尖制作		t	0.01672*SL	0.0167*SL〈数量〉	7220.59

图 3.1.14　桩做法

3. 桩绘制

桩承台绘制可对照"桩位平面图"上的位置点画。

绘制好的基础构件三维图形如图 3.1.15 所示。

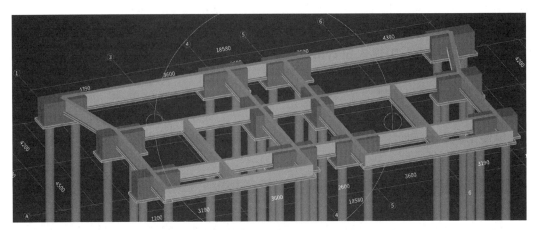

图 3.1.15　基础构件三维图形

4. 桩钢筋设置

由于建模中桩是没有钢筋属性设置的，桩钢筋可以由工程量中"表格输入"功能完成计算。如图 3.1.16 所示。

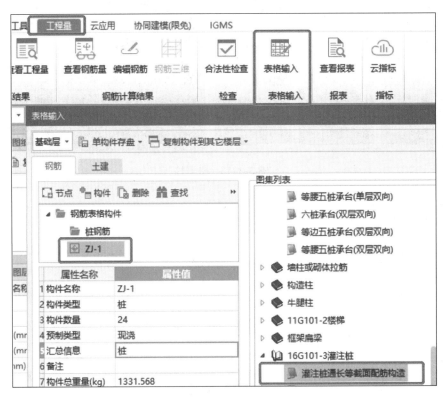

图 3.1.16　桩钢筋"表格输入"

建立构件后，选择图集中对应的构件，如为特殊配筋，则自行添加钢筋并计算钢筋长度列入钢筋计算表中。此处以图集为例介绍，选择"灌注桩通长等截面配筋构造"根据图纸输入相关信息，点击"计算保存"按钮，软件自动将桩钢筋计算完成，如图 3.1.17 所示。

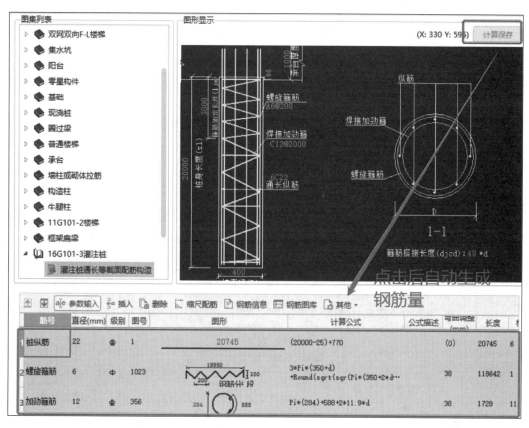

图 3.1.17　桩钢筋图集计算

（五）汇总计算

构件绘制完成后，在工程量页签下进行云检查，云检查无误后进行"汇总计算"（快捷键"F9"），弹出汇总计算对话框，"查看工程量"功能可以查看混凝土、模板等工程量，"查看钢筋量"功能可以查看当前构件的钢筋工程量。基础工程量计算结果见表 3.1.1 及表 3.1.2。

基础土建汇总计算
表 3.1.1

编码	项目名称	项目特征	单位	工程量明细
010301002001	预制钢筋混凝土管桩	1. 地层情况：硬质地层 2. 桩长：20m 3. 桩外径、壁厚：400mm 以内 4. 接桩方法：电焊接桩 5. 沉桩方法：静力压桩法 6. 混凝土强度等级：C80 高强度混凝土 7. 填充材料种类：C30 微膨胀细石混凝土	m	24

编码	项目名称	项目特征	单位	工程量明细
A1-3-19	打预制管桩　桩径(mm)400 以上		100m	4.8
A1-3-47	管桩电焊接桩 φ400		10 个	2.4
010301005001	桩尖	1. 桩尖类型:平底十字形钢桩尖 2. 桩尖质量:每个 16.72kg 3. 规格尺寸:详见图纸大样	个	24
A1-3-42	钢桩尖制作		t	0.4008
010501001001	垫层	1. 混凝土种类:现浇 2. 混凝土强度等级:C15	m³	5.9432
A1-5-78	混凝土垫层		10m³	0.59432
010501005001	桩承台基础	1. 混凝土种类:现浇 2. 混凝土强度等级:C30	m³	19.2
A1-5-1	现浇建筑物混凝土　毛石混凝土基础		10m³	1.92
010502001001	矩形柱	1. 混凝土种类:现浇 2. 混凝土强度等级:C25	m³	1
A1-5-5	现浇建筑物混凝土　矩形、多边形、异形、圆形柱、钢管柱		10m³	0.1
010503001001	基础梁	1. 混凝土种类:现浇 2. 混凝土强度等级:C30	m³	9.544
A1-5-8	现浇建筑物混凝土　基础梁		10m³	0.9544
011702001001	基础	1. 基础类型:桩承台基础	m²	63.0852
A1-20-13	桩承台模板		100m²	0.630852
011702001002	基础	1. 基础类型:基础垫层	m²	25.08
A1-20-12	基础垫层模板		100m²	0.2508
011702002001	矩形柱	1. 柱截面尺寸:周长 1.8m 内 2. 结构类型:现浇混凝土 3. 柱高:3.6m 内	m²	9.256
A1-20-15	矩形柱模板(周长 m)　1.8 内　支模高度 3.6m 内		100m²	0.09256
011702005001	基础梁	1. 基础类型:基础联系梁 2. 梁顶标高:-0.5m	m²	109.4994
A1-20-32	基础梁模板		100m²	1.102994

基础钢筋汇总计算

表 3.1.2

楼层名称	构件类型	钢筋总重(kg)	HPB300			HRB335						HRB400	
			6	8	10	14	16	18	20	22	25	12	22
基础层	柱	648.406		10.728	18.642		117.504	150.72	235.62	115.192			
	梁	2186.82	16.189	434.618		167.484	118.933		557.076	161.112	731.408		
	桩承台	680.88				150.48			530.4				
	桩	11012.568	648.12									404.976	9959.472
	合计	14528.674	664.309	445.346	18.642	317.964	236.437	150.72	1323.096	276.304	731.408	404.976	9959.472
全部层汇总	柱	648.406		10.728	18.642		117.504	150.72	235.62	115.192			
	梁	2186.82	16.189	434.618		167.484	118.933		557.076	161.112	731.408		
	桩承台	680.88				150.48			530.4				
	桩	11012.568	648.12									404.976	9959.472
	合计	14528.674	664.309	445.346	18.642	317.964	236.437	150.72	1323.096	276.304	731.408	404.976	9959.472

任务小结

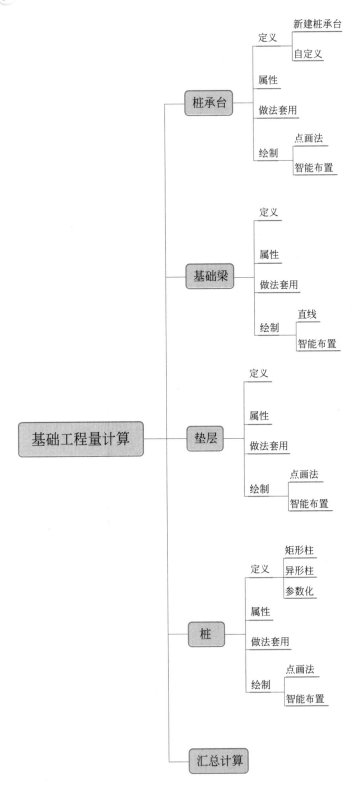

任务 2　土方工程量计算　工作页

学习任务 2	土方工程量计算	建议学时	2
学习目标	1. 能用软件绘制土方; 2. 能正确修改土方生成的属性; 3. 能统计并查看土方工程量; 4. 提高学生的责任意识、法律意识		
任务描述	本任务需要先了解哪些部位需要挖上方、挖土方的类别等,再通过反建构件法完成土方工程量计算		
学习过程	查阅《教师公寓楼》图纸,仔细阅读基础平面图、基础梁平面图,完成以下学习内容。 引导性问题 1:挖土方的类别有哪些,如何区分? 引导性问题 2:图纸中有哪些部位需要进行土方开挖? 引导性问题 3:土方的开挖方式有哪些? 引导性问题 4:土方工程需要计算哪些工程量?		
知识点归纳	见任务小结思维导图		
课后要求	1. 复习"任务 2　土方工程量计算"的相关内容; 2. 用软件构建《教师公寓楼》图纸基础模型并计算工程量		

任务 2　土方工程量计算

情境导入

　　本案例为《教师公寓楼》工程，框架结构，基础部分采用桩基础，桩承台施工需先进行基坑开挖，基础梁施工前需进行沟槽开挖。土方开挖需根据清单或定额的规定考虑是否需要放坡。

一、任务内容

　　本任务是熟练掌握广联达 GTJ2021 土方开挖模型构建和工程量汇总。依据《建设工程工程量清单计价规范》GB 50500—2013 的有关规定和《教师公寓楼》工程设计图纸和相关标准、规范、技术资料，《广东省房屋建筑与装饰工程综合定额（2018）》，广州市2021 年 3 月信息价以及配套解释和相关文件等进行模型构建。

二、任务分析

　　本工程桩承台的土方属于基坑土方。依据定额可知挖土方有工作面 300mm，根据挖土深度不需要放坡，放坡土方按照定额规定计算。

三、任务流程

　　要完成任务必须要进行以下步骤：
　　1. 进行基坑土方的定义和绘制；
　　2. 进行基坑土方的做法套用；
　　3. 汇总计算基坑土方工程量。

四、操作步骤

　　　　　（一）基坑土方的定义和绘制
　　　　　1. 基坑土方绘制

　　用反建构件法，在垫层界面单击"生成土方"，如图 3.2.1 所示。选择基础下方的垫层，生成"基坑土方"单击右键，即可完成基坑土方的定义和绘制。
　　2. 基坑土方做法套用如图 3.2.2 所示。

（二）沟槽土方的定义和绘制

1. 沟槽土方绘制

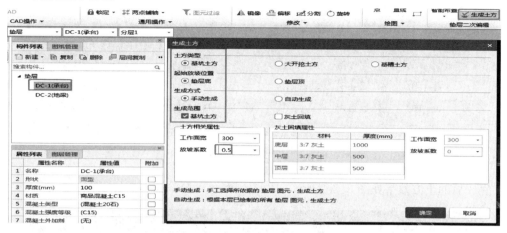

图 3.2.1　桩承台土方生成设置

	编码	类别	名称	项目特征	单位	工程量表达式	表达式说明
1	010101004	项	挖基坑土方		m3	TFTJ	TFTJ<土方体积>
2	A1-1-9	定	人工挖基坑土方 一、二类土 深度在2m内		m3	TFTJ	TFTJ<土方体积>
3	010103001	项	回填方		m3	STHTTJ	STHTTJ<素土回填体积>
4	A1-1-127	定	回填土 人工夯实		m3	STHTTJ	STHTTJ<素土回填体积>

图 3.2.2　基坑土方做法套用

用反建构件法，在垫层界面单击"生成土方"，如图 3.2.3 所示。选择基础梁下方的垫层，单击右键，即可完成沟槽土方的定义和绘制。

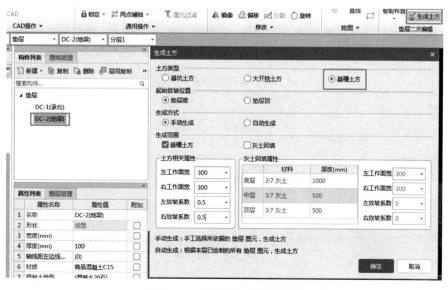

图 3.2.3　基础梁土方生成设置

2. 沟槽土方做法套用如图 3.2.4 所示。

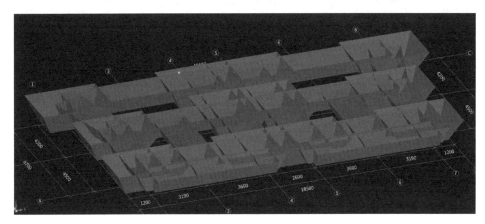

	编码	类别	名称	项目特征	单位	工程量表达式	表达式说明
1	010101003	项	挖沟槽土方		m3	TFTJ	TFTJ〈土方体积〉
2	A1-1-18	定	人工挖沟槽土方 一、二类土 深度在2m内		m3	TFTJ	TFTJ〈土方体积〉
3	010103001	项	回填方		m3	STHTTJ	STHTTJ〈素土回填体积〉
4	A1-1-127	定	回填土 人工夯实		m3	STHTTJ	STHTTJ〈素土回填体积〉

图 3.2.4 沟槽土方做法套用

完成后的土方效果如图 3.2.5 所示，以不同颜色区分沟槽与基坑土方。

图 3.2.5 土方生成效果

（三）基础土方汇总计算

构件绘制完成后，在工程量页签下进行云检查，云检查无误后进行"汇总计算"（快捷键 "F9"），弹出汇总计算对话框。"查看工程量"功能可以查看混凝土、模板等工程量，"查看钢筋量"功能可以查看当前构件的钢筋工程量。基础土方工程量计算结果见表 3.2.1。

基础土方汇总计算   表 3.2.1

编码	项目名称	项目特征	单位	工程量明细
010101003001	挖沟槽土方	1. 土壤类别：一、二类土 2. 挖土深度：2m 内	m³	57.7135
A1-1-9	人工挖基坑土方 一、二类土 深度在 2m 内		100m³	0.577135
010101004001	挖基坑土方	1. 土壤类别：一、二类土 2. 挖土深度：2m 内	m³	102.8616
A1-1-9	人工挖基坑土方 一、二类土 深度在 2m 内		100m³	1.028616
010103001001	回填方	1. 土质要求：一般土壤 2. 密实度要求：按规范要求，夯填	m³	120.6347
A1-1-127	回填土 人工夯实		100m³	1.206347

任务小结

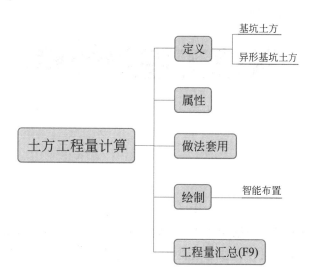

模块 4

装修工程量计算

Chapter 04

 导学

　　本模块课程需要先了解装修的部位、装修的工艺等。软件通过建立房间、楼地面、踢脚、墙裙、墙面、天棚、吊顶、独立柱装修、单梁装修的功能来完成装修工程量计算。

任务 1　室内装修工程量计算　工作页

学习任务 1	室内装修工程量计算	建议学时	4
学习目标	1. 了解软件绘制装修的流程及方法； 2. 会定义各装修部位的方法； 3. 会定义及绘制房间的方法； 4. 会统计室内装修工程量的方法； 5. 培养学生勤学慎思、刻苦钻研的品质，具有爱国情怀，用辩证的观点去分析装修工程量以解决问题		
任务描述	查阅图纸了解室内装修的做法、装修的工艺等。运用已掌握的软件技能建立楼地面、踢脚、墙裙、墙面、天棚、吊顶、独立柱装修、单梁装修的功能，运用组合房间命令，完成装修工程模型绘制，并通过软件计算对应工程量		
学习过程	查阅《教师公寓楼》图纸，仔细阅读设计说明中的装修做法，并完成以下学习内容。 引导性问题 1：室内装修包括哪些部位？ 引导性问题 2：如何布置室内装修，有几种方法？ 引导性问题 3：房间不封闭如何完成该房间的装修？ 引导性问题 4：楼梯的装修应该如何处理？ 引导性问题 5：如何分别算出两种不同材质的内墙装修工程量？		
知识点归纳	见任务小结思维导图		
课后要求	1. 复习"任务 1　室内装修工程量计算"的相关内容； 2. 预习"任务 2　室外装修工程量计算"		

任务 1　室内装修工程量计算

▪▪▪ 情 境 导 入

　　本案例为《教师公寓楼》工程，框架结构，首层包括房间、卫生间、楼梯间，屋面设置防水及隔热层，外墙面采用白色条砖。根据软件提供的九种构件可以完成本工程的装修绘制及工程量计算。

一、任务内容

　　本任务需先对装修工程做法有一定的认识，通过读图找到装修做法表，以及对应的装修部位。在软件中通过新建、属性定义、绘制完成工程量计算。

二、任务分析

　　由图纸建施-13 装修做法表中，可知本案例中的装修做法明细，由首层建筑平面图可知，本工程可以划分的房间有：房间、客厅、楼梯间、淋浴房和卫生间，如图 4.1.1 所示，每个房间（含楼梯间）均包括楼地面、墙面、踢脚、天棚（吊顶）工程。在软件中，可采用分别布置不同部位的方式，也可采用先建立各部位构件，再进行房间的组合布置的方式。

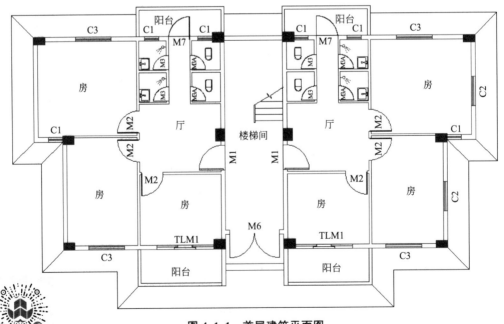

图 4.1.1　首层建筑平面图

室内
装修

1. 楼地面

根据装修做法表，首层地面装修部位如图 4.1.2 所示。本工程首层地面分为地面 1 及地面 2，地面 2 用于首层卫生间及淋浴房地面，地面 1 用于除卫生间以外无防水要求的首层地面。

部位	名　称	构　造　做　法	备　注
地面1 (首层)	陶瓷块料地面	1.铺8～10厚玻化砖铺实拍平，稀水泥擦缝(尺寸800×800) 2.20厚1:4干硬性水泥砂浆 3.素水泥浆结合层一遍 4.100厚C15素混凝土 5.素土夯实	用于除卫生间以外 无防水要求的首层地面
地面2 (首层)	防滑地砖地面	1.铺8～10厚地砖铺实拍平，水泥浆擦缝(尺寸300×300) 2.20厚1:4干硬性水泥砂浆 3.1.5厚聚氨酯防水涂料，面撒黄砂，四周沿墙上翻300高 4.刷基层处理剂一遍 5.15厚1:2干水泥砂浆找平 6.150厚C15细石混凝土找坡不小于0.5%，最薄处不小于30厚 7.素土夯实	用于首层卫生间及淋浴房地面

图 4.1.2　图纸首层地面做法

注：只有首层地面才使用地面做法，二层以上，在混凝土楼板上的装修为楼面。

2. 内墙面

根据装修做法表，首层内墙面分为三类，如图 4.1.3 所示，内墙 1 为乳胶漆墙面，用于厅、房、楼梯间等墙面；内墙 2、3 为瓷砖块料墙面，分别用于卫生间及厨房墙面。

部位	名　称	构　造　做　法	备　注
内墙1	乳胶漆墙面	1.白色乳胶漆两遍，刷底漆一遍 2.满刮腻子二道，砂纸磨平 3.5厚1:2水泥砂浆 4.15厚1:3水泥砂浆 5.刷素水泥浆一遍(内掺水重3%～5%白乳胶)	用于厅、房、楼梯间等 无防水要求的内墙面
内墙2	瓷砖墙面内墙 (卫生间)	1.300×300×8面砖，白水泥浆刷缝 2.4厚1:1水泥砂浆加水重20%白乳胶 3.10厚1:3水泥砂浆压实抹平 4.1.5厚聚氨酯防水涂膜防水 5.15厚M5水泥砂浆扫毛 6.专用界面砂浆甩毛	用于卫生间、淋浴房墙面 (块料镶贴至吊顶以上 100mm)
内墙3	瓷砖墙面内墙 (厨房)	1.300×300×8面砖，白水泥浆刷缝 2.4厚1:1水泥砂浆加水重20%白乳胶 3.刷素水泥砂浆一遍 4.15厚1:3水泥砂浆	用于厨房墙面 (块料镶贴至吊顶以上 100mm)

图 4.1.3　图纸首层内墙面做法

3. 天棚

根据装修做法表，首层天棚装修做法为乳胶漆顶棚，使用部位为客厅、房间、楼梯间及阳台顶部，具体信息如图 4.1.4 所示。

部位	名　称	构　造　做　法	备　注
顶棚1 (天棚)	乳胶漆面顶棚	1.钢筋混凝土板底面清理干净 2.3厚1:0.25:0.83水泥腻子加108胶 3.2厚1:1.5:1.6水泥腻子加108胶 4.底漆一遍 5.乳胶漆面层二遍 注：用于室外部位时采用外墙耐水腻子	用于厅、房、楼梯间、 阳台

图 4.1.4　图纸首层天棚做法

4. 吊顶

根据装修做法表，首层吊顶为铝合金饰面板吊顶，用于卫生间和厨房顶部具体信息如图 4.1.5 所示。

部位	名　称	构　造　做　法	备　注
顶棚2 (吊顶)	铝合金饰面板吊顶	1.配套金属骨架，镀锌轻钢龙骨 2.白色铝合金条形板	用于卫生间、厨房 (吊顶高度2.5m)

图 4.1.5　图纸首层吊顶做法

三、任务流程

要完成任务必须要进行以下步骤：

1. 进行室内装修部位各构件的属性分析；
2. 进行室内装修工程各构件的定义；
3. 套用室内装修工程各构件的做法；
4. 进行室内装修各构件的绘制（包含组合房间功能）；
5. 汇总计算室内装饰装修工程量。

四、操作步骤

（一）室内装修构件的定义

1. 楼地面属性定义

点击导航树中的"装修"，点击"楼地面"新建楼地面，建立"地面1"与"地面2"，地面 2（卫生间）需要计算聚氨酯涂膜防水，要在"是否计算防水"选择"是"，如图 4.1.6 及图 4.1.7 所示。

2. 踢脚属性定义

点击"踢脚"，建立"面砖踢脚"，如图 4.1.8 所示。由建施-13 的室内装修做法可知，首层踢脚装修做法为：150mm 高 8mm 厚米黄色面砖，在属性列表高度一栏中输入："150"，具体信息如图 4.1.8 所示。

图 4.1.6　新建地面 1

图 4.1.7　新建地面 2

图 4.1.8　新建踢脚构件

3. 内墙属性定义

点击"墙面",建立"内墙面",如图 4.1.9 所示。由建施-13 的室内装修做法可知,首层墙面装修做法有三种,分别为:内墙 1、内墙 2、内墙 3(内墙面 3 为厨房墙面,5~6 层才需要设置),具体信息如图 4.1.9 所示。

图 4.1.9　新建内墙面构件

注:因卫生间及厨房均设置吊顶,因此墙面装修设置为吊顶天棚另加 100mm,即 2.6m。

4. 天棚属性定义

由建施-13 的室内装修做法可知,首层天棚装修做法为:乳胶漆天棚,点击导航树中的"装修",点击"天棚"新建"乳胶漆天棚",具体信息如图 4.1.10 所示。

5. 吊顶属性定义

由建施-13 的室内装修做法可知,首层卫生间及淋浴房需布置吊顶,首层吊顶装修做法为:铝合金饰面板吊顶,点击导航树中的"装修",点击"吊顶"新建"铝合金饰面板吊顶",吊顶需设置离地高度为 2500mm,具体信息如图 4.1.11 所示。

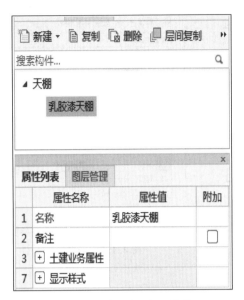

图 4.1.10 新建天棚面构件　　　　　图 4.1.11 新建吊顶构件

（二）室内装修构件的做法套用

1. 地面做法套用

（1）地面 1

根据装修构造，地面 1 为块料楼地面，按照清单计算规则，将地面构件套用做法，如图 4.1.12 所示。

编码	类别	名称	项目特征	单位	工程量表达式	表达式说明	单价
⊟ 011102003	项	块料楼地面	1. 找平层材料种类、厚度:100厚C15素混凝土 2. 结合层厚度、砂浆配合比:20mm厚1:4干硬性水泥砂浆 3. 面层材料品种、规格:彩釉砖800mm×800mm 4. 嵌缝材料种类:白水泥浆	m2	KLDMJ	KLDMJ<块料地面积>	
A1-12-72	定	楼地面陶瓷地砖(每块周长mm) 1300以内 水泥砂浆		m2	KLDMJ	KLDMJ<块料地面积>	8617.54
A1-5-80	定	地坪 厚度10cm		m2	DMJ	DMJ<地面积>	1252.25
⊟ 010103001	项	回填方（房心回填）	1. 房心回填 2. 填方材料品种:素土	m3	DMJ*0.2	DMJ<地面积>*0.2	
A1-4-126	定	垫层 素土		m3	DMJ*0.2	DMJ<地面积>*0.2	988.39

图 4.1.12 地面 1 构件做法

（2）地面 2

根据装修构造，地面 2 为卫生间、淋浴房等有防水要求的地面，套用的做法为块料楼地面，将地面构件套用做法，按照清单计算规则，地面防水面积包含反边 0.3m 高的立面防水面积，因此工程表达式中需追加"立面防水面积"，如图 4.1.13 所示。

2. 踢脚做法套用

根据装修构造，本工程的踢脚为面砖踢脚，采用做法中的块料踢脚线计算规则套用做法，如图 4.1.14 所示。

编码	类别	名称	项目特征	单位	工程量表达式	表达式说明	单价
⊟ 011102003	项	块料楼地面	1.找平层材料种类、厚度:15厚 1:2干水泥砂浆找平 2.结合层厚度、砂浆配合比:20mm 厚:1:4干硬性水泥砂浆 3.面层材料品种、规格:防滑地砖 300mm×300mm 4.嵌缝材料种类:白水泥浆	m2	KLDMJ	KLDMJ<块料地面积>	
A1-12-72	定	楼地面陶瓷地砖(每块周长mm)1300以内 水泥砂浆		m2	KLDMJ	KLDMJ<块料地面积>	8617.54
A1-12-2	定	楼地面水泥砂浆找平层 填充层上 20mm		m2	DMJ	DMJ<地面积>	851.05
⊟ 010904002	项	楼(地)面涂膜防水	1.防水膜品种、厚度:1.5厚聚氨酯防水涂料 2.反边高度:300mm	m2	SPFSMJ+LMFSMJSP	SPFSMJ<水平防水面积>+LMFSMJSP<立面防水面积(小于最低立面防水高度)>	
A1-10-89	定	单组份聚氨酯涂膜防水 平面1.5mm厚		m2	SPFSMJ+LMFSMJSP	SPFSMJ<水平防水面积>+LMFSMJSP<立面防水面积(小于最低立面防水高度)>	6013.52
⊟ 010501001	项	垫层	1.垫层厚度:150mm 2.混凝土强度等级:C15	m3	DMJ*0.15	DMJ<地面积>*0.15	
A1-5-78	定	混凝土垫层		m3	DMJ*0.15	DMJ<地面积>*0.15	752.74

图 4.1.13　地面 2 构件做法

编码	类别	名称	项目特征	单位	工程量表达式	表达式说明	单价
⊟ 011105003	项	块料踢脚线	1.踢脚线高度:150mm 2.底层厚度、砂浆配合比:20mm1:8水泥石灰砂浆 3.粘结层厚度、材料种类:4mm1:1水泥砂浆加水重20%白乳胶 4.面层材料品种、规格:400mm×150mm瓷砖 5.嵌缝材料种类:水泥浆擦缝	m2	TJKLMJ	TJKLMJ<踢脚块料面积>	
A1-12-79	定	铺贴陶瓷地砖 踢脚线 水泥砂浆		m2	TJKLMJ	TJKLMJ<踢脚块料面积>	9161.68

图 4.1.14　块料踢脚构件做法

3. 内墙面做法套用

（1）内墙面 1

根据装修构造，内墙面 1 为乳胶漆墙面，按照清单计算规则，将内墙面 1 构件套用做法，如图 4.1.15 所示。

编码	类别	名称	项目特征	单位	工程量表达式	表达式说明	单价
⊟ 011406001	项	抹灰面油漆	1.基层类型:墙面一般抹灰面 2.腻子种类:石膏粉腻子 3.刮腻子要求:满括基层,修补,砂纸打磨;满刮一遍,找平两遍 4.油漆品种、刷漆遍数:乳胶漆底漆一遍,面漆两遍	m2	QMMHMJ	QMMHMJ<墙面抹灰面积>	
A1-15-160	定	乳胶漆底油二遍面油二遍抹灰面 墙柱面		m2	QMMHMJ	QMMHMJ<墙面抹灰面积>	2691.75
⊟ 011201001	项	墙面一般抹灰	1.墙体类型:内墙 2.底层厚度、砂浆配合比:15厚1:2:8水泥石灰砂浆底 3.面层厚度、砂浆配合比:5厚1:2.5水泥砂浆面	m2	QMMHMJZ	QMMHMJZ<墙面抹灰面积（不分材质）>	
A1-13-8	定	各种墙面15+5mm 水泥石灰砂浆底 水泥砂浆面 内墙		m2	QMMHMJ	QMMHMJ<墙面抹灰面积>	1585.07

图 4.1.15　内墙面 1 构件做法

（2）内墙面 2

根据装修构造，内墙面 2 为乳胶漆墙面，按照清单计算规则，将内墙面 2 构件套用做法，如图 4.1.16 所示。

编码	类别	名称	项目特征	单位	工程量表达式	表达式说明	单价
⊟ 011204003	项	块料墙面	1.墙体类型:砌筑墙体 2.贴结层厚度、材料种类:1:2水泥石灰砂浆结合层(内掺建筑胶) 3.挂贴方式:粘贴 4.面层材料品种、规格、晶牌、颜色:釉面砖300mm×300mm 5.缝宽、嵌缝材料种类:缝宽5mm、白水泥擦缝	m2	QMKLMJ	QMKLMJ<墙面块料面积>	
A1-13-154	定	墙面镶贴陶瓷面砖密缝 1:2水泥砂浆 块料周长1300内		m2	QMKLMJ	QMKLMJ<墙面块料面积>	13666.36
⊟ 011201004	项	立面砂浆找平层	1.基层类型:砖砌内墙 2.找平层砂浆厚度、配合比:15厚1:1:6水泥石灰砂浆砂浆	m2	QMMHMJZ	QMMHMJZ<墙面抹灰面积> (不分材质)	
A1-13-1	定	底层抹灰15mm 各种内墙 内墙		m2	QMMHMJ	QMMHMJ<墙面抹灰面积>	1155.61
⊟ 010903002	项	墙面涂膜防水	1.防水膜品种:1.5厚聚氨酯防水涂料 2.防水部位:卫生间墙面	m2	QMMHMJ	QMMHMJ<墙面抹灰面积>	
A1-10-89	定	单组份聚氨酯涂膜防水 平面 1.5mm厚		m2	QMMHMJ	QMMHMJ<墙面抹灰面积>	6013.52

图 4.1.16 内墙面 2 构件做法

4. 天棚做法套用

根据装修构造,除卫生间、淋浴房等需要做吊顶的天棚外,其他天棚为乳胶漆面顶棚,按照清单计算规则,将天棚构件套用做法,如图 4.1.17 所示。

编码	类别	名称	项目特征	单位	工程量表达式	表达式说明	单价
⊟ 011406001	项	抹灰面油漆	1.基层类型:天棚一般抹灰面 2.腻子种类:石膏粉腻子 3.刮腻子要求:清理基层,修补,砂纸打磨,满刮腻子一遍,找补,磨平 4.油漆品种、刷漆遍数:乳胶漆底漆一遍,面漆两遍	m2	TPMHMJ	TPMHMJ<天棚抹灰面积>	
A1-15-161	定	乳胶漆底油二遍面油二遍 抹灰面 天棚面		m2	TPMHMJ	TPMHMJ<天棚抹灰面积>	3036.57

图 4.1.17 天棚构件做法

5. 吊顶做法套用

根据装修构造,卫生间、淋浴房等需要做铝合金饰面板吊顶,按照清单计算规则,将天棚构件套用做法,如图 4.1.18 所示。

编码	类别	名称	项目特征	单位	工程量表达式	表达式说明	单价
⊟ 011302001	项	吊顶天棚	1.吊顶形式:铝合金条板吊顶,平面 2.龙骨材料种类、规格、中距:Φ8钢筋吊杆、双向吊点、中距900mm;铝合金条板专用龙骨,中距900mm 3.面层材料品种、规格、晶牌、颜色:白色0.5mm厚铝合金条板(闭缝)	m2	DDMJ	DDMJ<吊顶面积>	
A1-14-85	定	铝合金条板天棚龙骨 轻型		m2	DDMJ	DDMJ<吊顶面积>	3223.68

图 4.1.18 吊顶构件做法

(三)房间的定义与绘制

1. 房间的构件信息

由首层建筑平面图建施-02 可知,本工程可以划分的房间为:房间、客厅、楼梯间、卫生间、淋浴房。点击导航树中的"房间",点击"新建"根据图纸的装修做法新建房间,相同的房间可以一起建立。如图 4.1.19 所示。

2. 房间的属性定义

通过"添加依附构件",建立房间中的装修构件。如当前默认构件不是需要的构件,可以点击构件名称下的其他

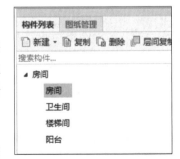

图 4.1.19 新建房间构件

构件，切换成"地面 2"等其他已经建立的楼地面装饰，踢脚、墙面、天棚等依附构件也是同理进行操作。如图 4.1.20 所示。

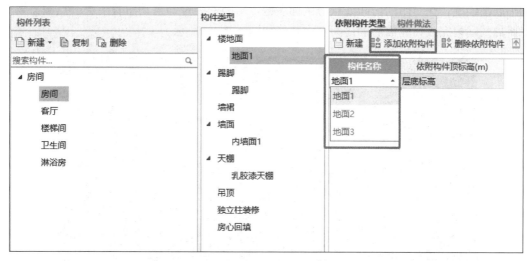

图 4.1.20　添加依附构件

注：楼梯间的天棚，可以在楼梯构件中添加天棚做法计算倾斜面积，此处楼梯间天棚不添加依附构件。

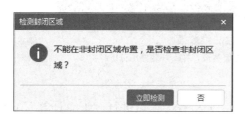

图 4.1.21　未封闭区域提示

3. 房间的绘制

（1）检测房间是否封闭

为了保证各个房间的独立，在没有墙体封闭的区域，是无法用点画快速布置房间装修的，会出现如图 4.1.21 所示的提示，需要检测房间是否封闭。

检测方法：

① 点击"立即检测"，拉框选择需要检测的封闭区域，软件则自动检测未封闭区域，但是此功能只能检测一些明显的构件不相交部位，如有柱子为封闭区域的地方则检测不到。

② 将柱构件隐藏，按"Z"键，即可将对应的柱构件隐藏，此时，可以看到墙与墙并未完全相交，如图 4.1.22 中需要延伸墙体相交到中心线，如图 4.1.23 所示。

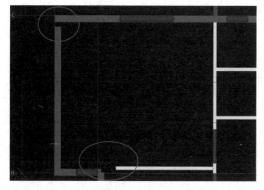

图 4.1.22　墙体隐藏后墙体未封闭

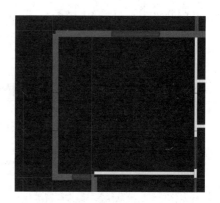

图 4.1.23　延伸墙体至中心线

（2）点画绘制房间

按照首层建筑平面图中房间的名称，选择软件中建立好的房间，将需要布置装修的房间用点画绘制，在封闭的房间处点击鼠标左键，房间的装修即自动布置上去。点画需要在封闭的区间内完成，完成后的房间室内装修如图 4.1.24 所示。

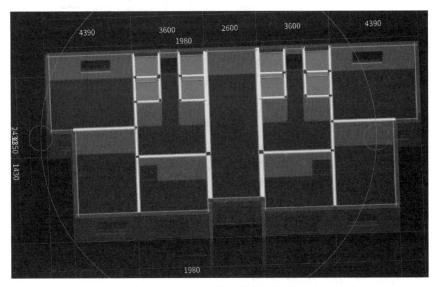

图 4.1.24　绘制房间装修三维效果

注：阳台部分只做地面与天棚，墙体部分按外墙装饰，在室外装修部分讲解。

（四）汇总计算

构件绘制完成后，在工程量页签下进行云检查，云检查无误后进行"汇总计算"（快捷键"F9"），弹出汇总计算对话框，"查看工程量"功能可以查看各部位工程量，"查看报表"功能可以从"土建报表量"中设置查看当前的"清单定额"汇总表。首层室内装修工程量计算结果见表 4.1.1。

室内装修土建汇总计算　　　　　　　　　　　　　　　　　　　表 4.1.1

编码	项目名称	项目特征	单位	工程量明细
010103001002	回填方（房心回填）	1. 房心回填 2. 回填材料：素土	m^3	24.2388
A1-4-126	垫层　素土		$10m^3$	2.42388
010501001002	垫层	1. 垫层厚度：150mm 2. 混凝土强度等级：C15	m^3	4.206
A1-5-78	混凝土垫层		$10m^3$	0.4206
010903002001	墙面涂膜防水	1. 防水膜品种：1.5mm 厚聚氨酯防水涂料 2. 防水部位：卫生间墙面	m^2	82.256
A1-10-89	单组分聚氨酯涂膜防水　平面 1.5mm 厚		$100m^2$	0.85984

续表

编码	项目名称	项目特征	单位	工程量明细
010904002001	楼(地)面涂膜防水	1. 防水膜品种、厚度：1.5mm 厚聚氨酯防水涂料 2. 反边高度：300mm	m²	12.144
A1-10-89	单组分聚氨酯涂膜防水　平面1.5mm 厚		100m²	0.12144
010904002002	楼(地)面涂膜防水	1. 防水膜品种、厚度：1.5mm 厚聚氨酯防水涂料 2. 反边高度：300mm	m²	0
A1-10-89	单组分聚氨酯涂膜防水　平面1.5mm 厚		100m²	0
011102003001	块料楼地面	1. 找平层材料种类、厚度：100mm 厚 C15 素混凝土 2. 结合层厚度、砂浆配合比：20mm 厚 1∶4 干硬性水泥砂浆 3. 面层材料品种、规格：彩釉砖 800mm×800mm 4. 嵌缝材料种类：白水泥浆	m²	121.6646
A1-5-80	地坪　厚度 8cm		100m²	1.21194
A1-12-72	楼地面陶瓷地砖(每块周长 mm)1300 以内　水泥砂浆		100m²	1.21194
011102003002	块料楼地面	1. 找平层材料种类：1∶2 水泥砂浆找平 2. 结合层厚度、砂浆配合比：20mm 厚 1∶4 硬性水泥砂浆 3. 面层材料品种、规格：防滑地砖 300mm×300mm 4. 嵌缝材料种类：白水泥浆	m²	28.2776
A1-12-2	楼地面水泥砂浆找平层填充层上 20mm		100m²	0.280404
A1-12-72	楼地面陶瓷地砖(每块周长 mm)1300 以内　水泥砂浆		100m²	0.280404
011105003001	块料踢脚线	1. 踢脚线高度：150mm 2. 底层厚度、砂浆配合比：20mm 厚 1∶1∶8 水泥石灰砂浆 3. 粘结层厚度、材料种类：4mm 厚 1∶1 水泥砂浆粘贴 4. 面层材料品种、规格：300mm×150mm 瓷砖 5. 嵌缝材料种类：水泥浆擦缝	m²	17.715
A1-12-79	铺贴陶瓷地砖　踢脚线　水泥砂浆		100m²	0.17715
011201001001	墙面一般抹灰	1. 墙体类型：内墙 2. 底层厚度、砂浆配合比：15mm 厚 1∶2∶8 水泥石灰砂浆底 3. 面层厚度、砂浆配合比：5mm 厚 1∶2.5 水泥砂浆面	m²	340.7989
A1-13-8	各种墙面 15mm+5mm　水泥石灰砂浆底　水泥砂浆面　内墙		100m²	3.407989
011201004001	立面砂浆找平层	1. 基层类型：砖砌内墙 2. 找平层砂浆厚度、配合比：15mm 厚 1∶1∶6 水泥石灰砂浆	m²	82.256

编码	项目名称	项目特征	单位	工程量明细
A1-13-1	底层抹灰 15mm　各种墙面　内墙		100m²	0.85984
011204003002	块料墙面	1. 墙体类型:砌筑墙体 2. 贴结层厚度、材料种类:1:2 水泥石灰砂浆结合层(内掺建筑胶) 3. 挂贴方式:粘贴 4. 面层材料品种、规格、品牌、颜色:釉面砖 300mm×300mm 5. 缝宽、嵌缝材料种类:缝宽 5mm,白水泥擦缝	m²	82.256
A1-13-154	墙面镶贴陶瓷面砖密缝　1:2 水泥砂浆　块料周长 1300mm 内		100m²	0.85984
011302001001	吊顶天棚	1. 吊项形式:铝合金条板吊顶,平面 2. 龙骨材料种类、规格、中距:φ8 钢筋吊杆、双向吊点、中距 900mm;铝合金条板专用龙骨,中距 900mm 3. 面层材料品种、规格、品牌、颜色:白色 0.5mm 厚铝合金条板(闭缝)	m²	11.232
A1-14-85	铝合金条板天棚龙骨　轻型		100m²	0.11232
011406001002	抹灰面油漆	1. 基层类型:天棚一般抹灰面 2. 腻子种类:石膏粉腻子 3. 刮腻子要求:清理基层,修补,砂纸打磨;满刮腻子一遍,找补两遍 4. 油漆品种、刷漆遍数:乳胶漆底漆一遍,面漆两遍	m²	116.5814
A1-15-161	乳胶漆底油两遍面油两遍　抹灰面　天棚面		100m²	1.165814
011406001003	抹灰面油漆	1. 基层类型:墙面一般抹灰面 2. 腻子种类:石膏粉腻子 3. 刮腻子要求:清理基层,修补,砂纸打磨;满刮腻子一遍,找补两遍 4. 油漆品种、刷漆遍数:乳胶漆底漆一遍,面漆两遍	m²	340.7989
A1-15-160	乳胶漆底油两遍面油两遍　抹灰面　墙柱面		100m²	3.407989

任务小结

室内装修工程量计算
- 楼地面、内墙面、天棚、吊顶属性定义
- 做法套用
- 绘制 —— 点画法
- 汇总计算

任务 2　室外装修工程量计算　工作页

学习任务 2	室外装修工程量计算	建议学时	4
学习目标	1. 了解室外装修的工艺; 2. 会定义和绘制室外装修的方法; 3. 会室外装修的做法套用; 4. 会统计室外装修工程量的方法; 5. 提高学生服务意识,强化学生的精细化、大局观		
任务描述	本任务需要先了解室外装修的部位、装修的工艺等,再通过外墙绘制功能完成室外装修工程量计算		
学习过程	查阅《教师公寓楼》图纸,仔细阅读设计说明中的装修做法,查看立面图室外装修部位,完成以下学习内容。 引导性问题 1:常见的外墙面装修做法有哪些? 引导性问题 2:室外装修应该如何布置? 引导性问题 3:阳台装修怎样布置比较简单快捷? 引导性问题 4:外墙装修布置完计算以后为什么没有工程量? 引导性问题 5:雨篷和挑檐的侧面、底面抹灰如何布置并计算?		
知识点归纳	见任务小结思维导图		
课后要求	1. 复习"任务 2　室外装修工程量计算"; 2. 用软件构建《教师公寓楼》图纸装修模型并计算工程量		

任务 2　室外装修工程量计算

 **情境导入**

　　本案例为《教师公寓楼》工程，框架结构，首层包括房间、卫生间、楼梯间，屋面设置防水及隔热层，外墙面采用白色条砖。根据软件提供的九种构件可以完成本工程的装修绘制及工程量计算。

一、任务内容

　　本任务需先对室外装修工程做法及部位有一定的认识，通过读图找到该构件装修做法，以及对应的装修部位。在软件中通过新建、属性定义、绘制完成室外装修工程量计算。

二、任务分析

　　由建施-13 装修做法表，可知本案例中的装修做法明细，首层室外装修构件有：外墙面（包含阳台栏板内面）、雨篷及阳台地面天棚。外墙具体装修做法信息如图 4.2.1所示。

部 位	名　　称	构　造　做　法	备　注
外墙	瓷砖墙面	1. 95×95面砖，1:1水泥砂浆勾缝 2. 4厚1:2:4聚丙稀酸酯乳液水泥砂浆粘结 3. 20厚无机保温隔热砂浆 4. 7厚聚合物水泥砂浆防水层 5. 20厚1:2.5防水砂浆打底扫毛 6. 平整满挂 $\phi1×10×10$ 镀锌钢丝，搭接宽度不应小于100	铺贴颜色部位详见 外立面图

图 4.2.1　图纸外墙装饰构造

注：雨篷在零星构件章节雨篷构件中套用装修做法；阳台地面采用地面2，天棚采用乳胶漆顶棚，
　　做法同室内装修，此部分不做讲解。

三、任务流程

室外
装修

要完成任务必须要进行以下步骤：
1. 进行室外装修部位各构件的属性分析；
2. 进行室外装修工程各构件的定义；
3. 套用室外装修工程各构件的做法；

4. 进行室外装修各构件的绘制；

5. 汇总计算室外装饰装修工程量。

四、操作步骤

（一）外墙装修构建的定义

1. 外墙面属性定义

根据装修做法表中的说明，以及外墙面构造，新建外墙面，属性如图 4.2.2 所示。本工程室外地坪为－0.3m，室外装修应从－0.3m 开始，因此，修改属性起点/终点底标高为"－0.3"。

2. 外墙面做法套用

根据装修做法中块料墙面的规则，将外墙白色条砖构件套用做法，如图 4.2.3 所示。

（二）外墙面的绘制

1. "智能布置"绘制外墙装饰

在建模界面，选择"智能布置"命令，选择"外墙外边线"，选择需要布置的楼层，可以将已封闭的外墙一次布置上外墙面装修，如图 4.2.4 所示。

2. 点画绘制

由于外墙装修仅识别"外墙"构件绘制，阳台栏板等构件是不能同时布置外墙装修的，因此需要在建模界面，选择"外墙面"构件，选择绘图命令中的"点"绘制构件，将鼠标放置在外墙上，将显示为橙色，点击左键即可布置外墙装饰。阳台部分的外墙，记得内外都需要绘制，隐藏墙体后，可看到阳台栏板处为双线，如图 4.2.5 所示。

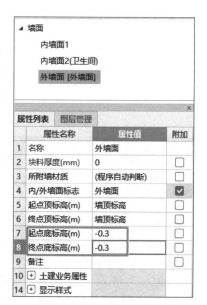

图 4.2.2 新建外墙构件

编码	类别	名称	项目特征	单位	工程量表达式	表达式说明	单价	综合单价
⊟ 011204003	项	块料墙面	1.95X95面砖1：1水泥砂浆勾缝 2、4厚1：2.4水泥砂浆粘结层 3、7厚聚合物水泥砂浆防水层 4、20厚1：25防水砂浆打底扫毛 5、平整满挂1x10x10镀锌钢丝，搭接宽度不应小于100	m2	QMKLMJ	QMKLMJ<墙面块料面积>		
A1-13-153	定	墙面镶贴陶瓷面砖密缝 1：2水泥砂浆 块料周长600内		m2	QMKLMJ	QMKLMJ<墙面块料面积>	8355.02	
A1-13-47	定	墙、柱面钉(挂)钢(铁)网 镶丝网		m2	QMMHMJZ	QMMHMJZ<墙面抹灰面积（不分材质）>	1879.32	
A1-13-2	定	底层抹灰15mm 各种墙面 外墙		m2	QMMHMJZ	QMMHMJZ<墙面抹灰面积（不分材质）>	2047.63	
⊟ 011001003	项	保温隔热墙面	1.保温隔热部位：墙体 2.保温隔热方式：外保温 3.保温隔热面层材料品种、规格、性能：涂料 4.保温隔热材料品种、规格及厚度：30厚厚玻化微珠无机保温砂浆	m2	QMMHMJ	QMMHMJ<墙面抹灰面积>		
A1-11-108	定	无机轻集料保温砂浆 30mm厚		m2	QMMHMJ	QMMHMJ<墙面抹灰面积>	14522.48	

图 4.2.3 外墙白色条砖构件做法

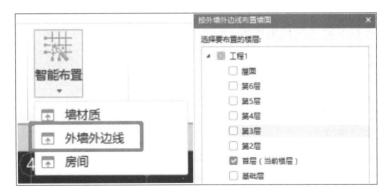

图 4.2.4 外墙"智能布置"绘制

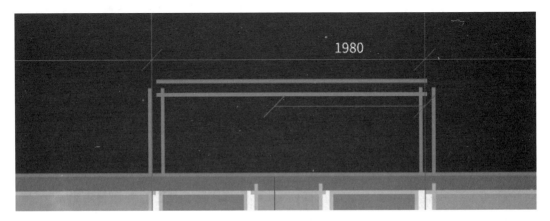

图 4.2.5 阳台外墙点画绘制

完成后的效果如图 4.2.6 所示。

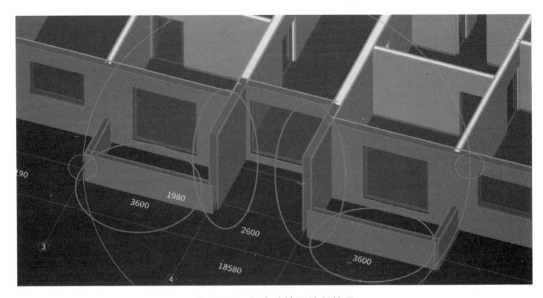

图 4.2.6 阳台外墙面绘制效果

（三）首层外墙面汇总计算

构件绘制完成后，在工程量页签下进行云检查，云检查无误后进行"汇总计算"（快捷键"F9"），弹出汇总计算对话框，选择首层柱。"查看工程量"功能可以查看混凝土、模板等工程量，"查看钢筋量"功能可以查看当前构件的钢筋工程量。首层外墙面汇总计算见表 4.2.1。

首层外墙面汇总计算　　　　　　　　　　　　　　　　表 4.2.1

编码	项目名称	项目特征	单位	工程量明细
011001003001	保温隔热墙面	1. 保温隔热部位:墙体 2. 保温隔热方式:外保温 3. 保温隔热面层材料品种、规格、性能:涂料 4. 保温隔热材料品种、规格及厚度:30mm 厚玻化微珠无机保温砂浆	m²	224.546
A1-11-108	无机轻集保温砂浆 30mm 厚		100m²	2.24546
011204003003	块料墙面	1. 95mm×95mm 面砖 1:1 水泥砂浆勾缝 2. 4mm 厚 1:2:4 水泥砂浆粘结层 3. 7mm 厚聚合物水泥砂浆防水层 4. 20mm 厚 1:25 防水砂浆打底扫毛 5. 平整满挂 1mm×10mm×10mm 镀锌钢丝,搭接宽度不应小于 100mm	m²	229.1585
A1-13-2	底层抹灰 15mm　各种墙面　外墙		100m²	2.24546
A1-13-47	墙、柱面钉(挂)钢(铁)网　铁丝网		100m²	2.24546
A1-13-153	墙面镶贴陶瓷面砖密缝　1:2 水泥砂浆　块料周长 600mm 内		100m²	2.291585

任务小结

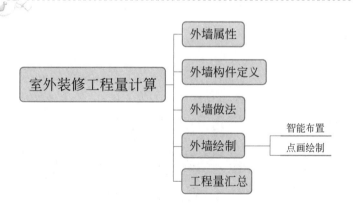

模块5

零星及其他工程量计算

Chapter 05 ▶▶

 导学

　　本工程的零星构件有台阶、散水、平整场地及建筑面积。主要内容是定义和绘制台阶，平整场地及建筑面积等构件；套用做法并汇总计算台阶，平整场地及建筑面积部分各个工程量。

任务 1　台阶、散水工程量计算　工作页

学习任务 1	台阶、散水工程量计算	建议学时	2
学习目标	1. 了解软件绘制台阶、散水的流程及方法； 2. 会定义台阶、散水的方法； 3. 会绘制台阶、散水的方法； 4. 会统计台阶、散水工程量的方法； 5. 强化学生工匠精神，培养成为技能人才的自豪感		
任务描述	本任务需要先通过图纸了解台阶、散水的结构形式，通过软件绘制出台阶、散水的构件，最后进行台阶、散水工程量计算		
学习过程	查阅《教师公寓楼》图纸，仔细阅读设计台阶、散水做法，并完成以下学习内容。 引导性问题 1：在软件中台阶如何布置？ 引导性问题 2：定额中，台阶按水平投影面积计算，如果台阶和平台相连，其分界线是最上层踏步外沿加 300mm，在软件中，如何表明台阶是否和平台相连？台阶的踏步怎么表现出来？ 引导性问题 3：在软件中散水与台阶的扣减关系是怎样的？ 引导性问题 4：散水在软件中怎样绘制？ 引导性问题 5：散水是分成几段画的，在图形 GCL2008 软件中可以合并吗？ 引导性问题 6：散水用智能布置画不上，是什么原因？ 引导性问题 7：如何快速绘制散水？		
知识点归纳	见任务小结思维导图		
课后要求	1. 复习"任务 1　台阶、散水工程量计算"相关内容； 2. 预习"任务 2　平整场地及建筑面积工程量计算"		

任务1 台阶、散水工程量计算

情·境·导·入

本案例为《教师公寓楼》工程，框架结构，台阶、散水均为室外混凝土结构，本次任务为完成首层台阶及散水构件绘制，并计算其工程量。

一、任务内容

本任务需先对台阶、散水工程做法有一定的认识，通过读图找到其构造做法，以及对应的施工部位。在软件中通过新建、属性定义、绘制完成工程量计算。

二、任务分析

1. 台阶构造

由图纸建施-11可知本案例中的台阶做法明细，本工程台阶为C15混凝土台阶，面层采用防滑地砖铺面，具体构造如图5.1.1所示。

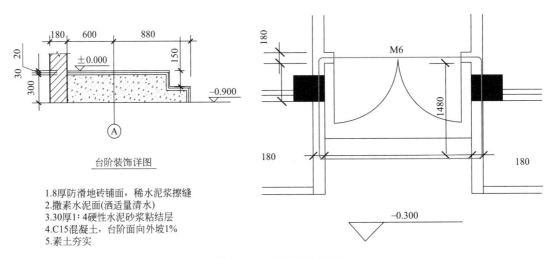

台阶装饰详图

1.8厚防滑地砖铺面，稀水泥浆擦缝
2.撒素水泥面(洒适量清水)
3.30厚1：4硬性水泥砂浆粘结层
4.C15混凝土，台阶面向外坡1%
5.素土夯实

图 5.1.1　台阶构造详图

2. 散水构造

由图纸建施-11可知本案例中的散水做法明细，本工程散水采用C15细石混凝土，如图5.1.2所示，布置范围见首层平面图。

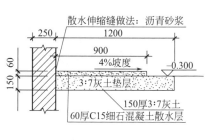 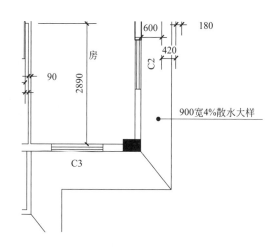

散水做法详图

1.60厚C15细石混凝土面层，撒1:1水泥
砂子压实赶光
2.150厚3:7灰土宽出面层300
3.素土夯实，向外坡4%

图 5.1.2   散水构造详图

三、任务流程

要完成任务必须要进行以下步骤：

1. 进行台阶、散水构件的属性分析；
2. 进行台阶、散水工程各构件的定义；
3. 套用台阶、散水工程各构件的做法；
4. 进行台阶、散水各构件的绘制；
5. 汇总计算台阶、散水装饰装修工程量。

四、操作步骤

（一）台阶构件的定义与绘制

1. 台阶属性定义

点击导航树中的"其他"，找到"台阶"，在构件列表中单击"新建"→"新建台阶"，设置属性"台阶高度（mm）"为"300"，如图5.1.3所示。

2. 台阶做法套用

台阶新建好后，进行套用做法操作。构件套用做法，可通过清单定额、查询清单定额库添加、查询匹配清单定额等功能添加实现。台阶模板按水平投影面积计算，不增加侧边模板。同时可以在台阶构件添加台阶的装饰做法。如图5.1.4所示。

3. 台阶的绘制

（1）绘制辅助轴线：选择平行辅轴命令，A轴往下偏移"-880"，然后采用"矩形"绘制出台阶的外边线，如图5.1.5所示。

（2）选择"设置踏步边"设置台阶踏步：选取踏步边，设置个数和宽度，确定后完成绘制，如图5.1.6所示，绘制好的台阶如图5.1.7所示。

台阶

图 5.1.3 新建台阶构件

编码	类别	名称	项目特征	单位	工程量表达式	表达式说明	单价
☐ 010507004	项	台阶	1. 踏步高、宽:高150mm,宽300mm 2. 混凝土种类:现浇 3. 混凝土强度等级:C15混凝土	m3	TJ	TJ<体积>	
A1-5-34	定	现浇混凝土其他构件 台阶		m3	TJ	TJ<体积>	1330.02
☐ 011702027	项	台阶	1. 台阶踏步宽:300mm	m2	MJ	MJ<台阶整体水平投影面积>	
A1-20-96	定	台阶模板		m2	MJ	MJ<台阶整体水平投影面积>	3540
☐ 011107002	项	块料台阶面	1. 面层材料品种、规格:防滑地砖300mm×300mm 2. 结合层厚度、砂浆配合比:30mm厚1:4硬性水泥砂浆	m2	TBKLMCMJ	TBKLMCMJ<踏步块料面层面积>	
A1-12-78	定	铺贴陶瓷地砖 台阶 水泥砂浆		m2	TBKLMCMJ	TBKLMCMJ<踏步块料面层面积>	14283.49

图 5.1.4 台阶构件做法

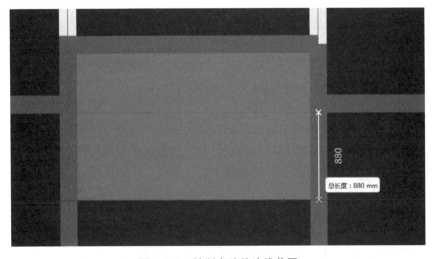

图 5.1.5 绘制台阶外边线范围

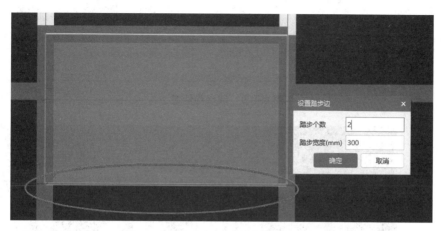

图 5.1.6　绘制台阶

图 5.1.7　台阶三维图

（二）散水构件的定义与绘制

1. 散水属性定义

点击导航树的"其他"，在"散水"构件列表中单击"新建"→"新建散水"，设置属性"厚度（mm）"为"60"，如图 5.1.8 所示。

2. 散水做法套用

散水新建好后，进行套用做法操作。散水的清单工程量按面积计算，定额工程量按体积计算，需将工程量表达式更改为"0.06 * MJ"。如图 5.1.9 所示。

3. 散水的绘制

根据首层平面图中散水的位置，可以通过"智能布置"中的外墙边线将散水边线绘制出，完成后需将阳台部位分割删除，入口处的散水范围如图 5.1.10 所示调整范围。

图 5.1.8　新建散水构件

编码	类别	名称	项目特征	单位	工程量表达式	表达式说明	单价
⊟ 010507001	项	散水、坡道	1. 垫层材料种类、厚度:3:7灰土,厚150mm 2. 面层厚度:60mm 3. 混凝土强度等级:C15混凝土	m2	MJ	MJ<面积>	
A1-5-33	定	现浇混凝土其他构件 地沟、明沟电缆沟散水坡		m3	0.06*MJ	0.06*MJ<面积>	1052.35

图 5.1.9 散水构件做法

散水

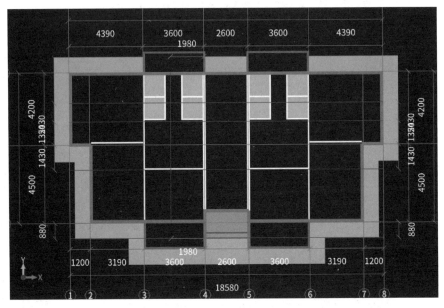

图 5.1.10 绘制散水

(三) 汇总计算

构件绘制完成后,在工程量页签下进行云检查,云检查无误后进行"汇总计算"(快捷键"F9"),弹出汇总计算对话框,"查看工程量"功能可以查看各部位工程量,"查看报表"功能可以从"土建报表量"中设置查看当前的"清单定额"汇总表。台阶、散水工程量计算结果见表 5.1.1。

台阶、散水汇总计算　　　　　　　　　　　　　　　　　　表 5.1.1

编码	项目名称	项目特征	单位	工程量
010507001001	散水、坡道	1. 垫层材料种类、厚度:3:7灰土,厚150mm 2. 面层厚度:60mm 3. 混凝土强度等级:C15混凝土	m²	49.9024
A1-5-33	现浇混凝土其他构件 地沟、明沟电缆沟散水坡		10m³	0.29941
010507004001	台阶	1. 踏步高、宽:高 150mm,宽300mm 2. 混凝土种类:现浇 3. 混凝土强度等级:C15混凝土	m³	0.9656

续表

编码	项目名称	项目特征	单位	工程量
A1-5-34	现浇混凝土其他构件 台阶		10m³	0.09656
011107002001	块料台阶面	1. 面层材料品种、规格:防滑地砖 300mm×300mm 2. 结合层厚度、砂浆配合比:30mm 厚 1:4 硬性水泥砂浆	m²	2.178
A1-12-78	铺贴陶瓷地砖 台阶 水泥砂浆		100m²	0.02178
011702027001	台阶	1. 台阶踏步宽:300mm	m²	0.726
A1-20-96	台阶模板		100m²	0.00726

任务小结

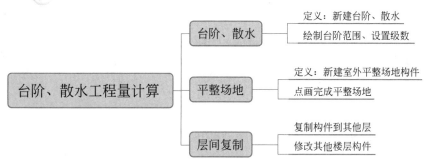

任务 2　平整场地及建筑面积工程量计算　工作页

学习任务 2	平整场地及建筑面积工程量计算	建议学时	2
学习目标	1. 了解软件绘制平整场地及建筑面积的流程及方法； 2. 会定义平整场地及建筑面积的方法； 3. 会绘制平整场地及建筑面积的方法； 4. 会统计平整场地及建筑面积工程量的方法； 5. 提高学生的法律意识及责任心		
任务描述	本任务需要先了解室外平整场地的部位、建筑面积的计算规则等，再通过绘制平整场地及建筑面积功能完成工程量计算		
学习过程	查阅《教师公寓楼》图纸，查看平面图建筑面积及平整场地部位，完成以下学习内容。 引导性问题 1：建筑面积都包括什么？ 引导性问题 2：楼梯的建筑面积怎么处理？ 引导性问题 3：怎样计算保温层的建筑面积？ 引导性问题 4：室外台阶计算平整场地吗？ 引导性问题 5：外墙瓷砖装修和外墙抹灰装修的计算方法一样吗？		
知识点归纳	见任务小结思维导图		
课后要求	1. 复习"任务 2　平整场地及建筑面积工程量计算"相关内容； 2. 预习"任务 3　层间复制及屋面构件工程量计算"		

平整场地及建筑面积工程量计算

情境导入

　　本案例为《教师公寓楼》工程，框架结构，本次任务为完成首层平整场地及建筑面积，并计算其工程量。

一、任务内容

　　本任务需先对平整场地及建筑面积部位及做法有一定的认识，通过读图找到该构件对应的部位。在软件中通过新建、属性定义、绘制完成平整场地及建筑面积工程量计算。

二、任务分析

　　本案例为《教师公寓楼》工程，框架结构，平整场地计算范围为首层外墙外边线以内位置。施工部位见首层平面图位置，如图 5.2.1 所示。

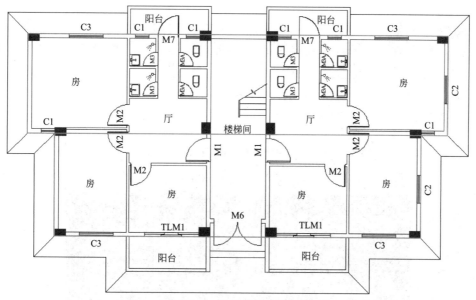

图 5.2.1　首层平整场地范围

三、任务流程

　　要完成任务必须要进行以下步骤：

1. 进行平整场地构件的属性分析；
2. 进行平整场地工程各构件的定义；
3. 套用平整场地工程构件的做法；
4. 进行平整场地构件的绘制；
5. 汇总计算平整场地工程量。

四、操作步骤

（一）平整场地构件的定义和绘制

1. 平整场地属性定义

点击导航树的"其他"，在"平整场地"构件列表中单击"新建"→"平整场地"，如图 5.2.2 所示。

2. 平整场地做法套用

根据规范中平整场地的规则，套用做法，如图 5.2.3 所示。

3. 平整场地绘制

在建模界面，选择"点"绘制命令绘制平整场地，鼠标左键点击已封闭的外墙内部，软件可以直接布置上平整场地，因此，绘制的终点也是检查是否为封闭外墙，如图 5.2.4 所示。

图 5.2.2　新建平整场地构件

编码	类别	名称	项目特征	单位	工程量表达式	表达式说明	单价
⊟ 010101001	项	平整场地	1. 土方类别：一二类土	m2	MJ	MJ〈面积〉	
A1-1-1	定	平整场地		m2	MJ	MJ〈面积〉	213.16

图 5.2.3　平整场地构件做法

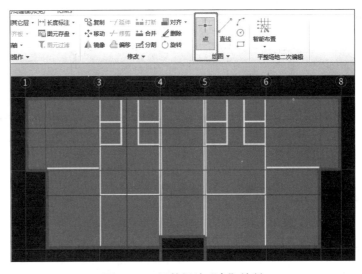

图 5.2.4　平整场地"点"绘制

（二）建筑面积构件的定义和绘制

1.建筑面积属性定义

点击导航树的"其他"，在"建筑面积"构件列表中单击"新建"，新建"建筑面积1"和"建筑面积2"，由于部分区域是计算一半的建筑面积，因此，需要分别建立两个构件，如图 5.2.5 所示。

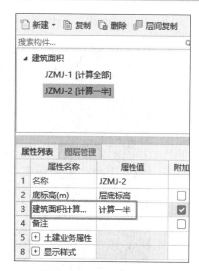

2.建筑面积做法套用

建筑面积的使用根据各地区的规定套用相关做法，如广东地区里脚手架使用的计算规则为建筑面积，可以根据规范中的规则应用套取做法，如图 5.2.6 所示。

3.建筑面积绘制

（1）点画"建筑面积1"

在建模界面，选择"建筑面积1"构件，对于外墙内部的封闭区域，用"点"绘制命令，可以直接布置上建筑面积，方法同平整场地。

图 5.2.5　建筑面积构件

编码	类别	名称	项目特征	单位	工程量表达式	表达式说明	单价
011701011	项	里脚手架	1.支模高度3m	m2	MJ	MJ〈面积〉	
A1-21-31	定	里脚手架(钢管)民用建筑 基本层3.6m		m2	MJ	MJ〈面积〉	1371.07

图 5.2.6　建筑面积构件做法

（2）矩形绘制"建筑面积2"

选择"建筑面积2"构件，对于外墙以外，需要计算一半建筑面积的部位，如阳台等，则采用矩形或者直线等方法绘制，需注意的是，矩形绘制必须以栏板外边线为边界，否则不能完整计算该部分建筑面积，如图 5.2.7 所示。

建筑
面积

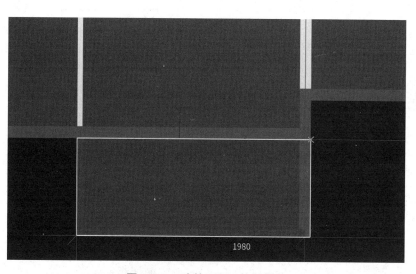

图 5.2.7　建筑面积 2 构件做法

完成后的首层建筑面积如图 5.2.8 所示。

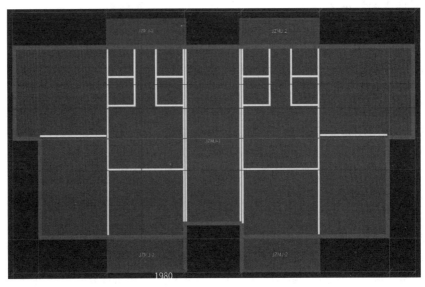

图 5.2.8　首层建筑面积绘制

（三）首层平整场地及建筑面积汇总计算

构件绘制完成后，在工程量页签下进行云检查，云检查无误后进行"汇总计算"（快捷键"F9"），弹出汇总计算对话框，"查看工程量"功能可以查看各部位工程量，"查看报表"功能可以从"土建报表量"中设置查看当前的"清单定额"汇总表。首层平整场地及里脚手架工程量计算结果见表 5.2.1。

首层平整场地及里脚手架汇总计算　　　　　　表 5.2.1

编码	项目名称	项目特征	单位	工程量明细
010101001001	平整场地	1. 土方类别：一、二类土	m²	149.562
A1-1-1	平整场地		100m²	1.49562
011701011001	里脚手架	1. 支模高度 3m	m²	159.3459
A1-21-31	里脚手架（钢管）　民用建筑　基本层 3.6m		100m²	1.593459

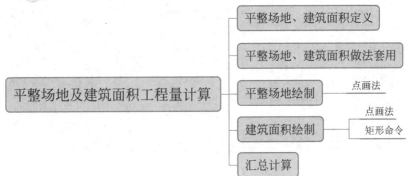

任务 3　层间复制及屋面构件工程量计算　工作页

学习任务 3	层间复制及屋面构件工程量计算	建议学时	2
学习目标	1. 了解软件绘制层间复制及屋面构件的流程及方法； 2. 会定义层间复制及屋面构件的方法； 3. 会绘制层间复制及屋面构件的方法； 4. 会统计屋面构件工程量的方法； 5. 提高学生的法律意识及责任心		
任务描述	本任务需要先了解层间复制的作用，了解屋面构件，再通过绘制屋面构件功能完成工程量计算		
学习过程	查阅《教师公寓楼》图纸，查看首层各构件部位与二层以上构件的相似处，找出可以层间复制的结构，了解屋面结构的部位及绘制方法，完成以下学习内容。 引导性问题 1：在软件中如何定义绘制屋面？ 引导性问题 2：坡屋面如何绘制？ 引导性问题 3：屋面上防水怎么做？ 引导性问题 4：怎样用图形软件处理平屋面找坡层的体积工程量？		
知识点归纳	见任务小结思维导图		
课后要求	1. 复习"任务 3　层间复制及屋面构件工程量计算"的相关内容； 2. 用软件构建《教师公寓楼》图纸零星及其他模型并计算工程量		

任务 3　层间复制及屋面构件工程量计算

情境导入

　　本案例为《教师公寓楼》工程，六层框架结构，本次任务为完成楼层间构件复制，以及完成屋面构件的绘制，并计算其工程量。

一、任务内容

　　本任务首先需要对楼层间相同构件及不同部位做一定的分析和了解，辨别哪些构件能直接复制到其他楼层，通过楼层间构件复制及图元复制功能，达到快速建模算量的目的。

二、任务分析

　　本案例为《教师公寓楼》工程，六层框架结构，层高均为 3m，由梁板结构图可以看出，2～4 层梁板为相同构件，可以采用图元复制功能"复制到其他层"；柱构件虽然上下层全部相同，但钢筋属性是不同的，因此只能复制构件图元，并修改其配筋信息；由建筑平面图看，砌体墙结构首层和 2～4 层比较相似，但是 5～6 层房间使用功能有所改变，因此结构也不相同，不能采用层间复制功能。

三、任务流程

　　要完成任务必须要进行以下步骤：
　　1. 进行跨楼层相同构件的属性分析；
　　2. 进行层间构件复制；
　　3. 修改相同构件属性；
　　4. 绘制屋面其他构件；
　　5. 汇总屋面构件工程量。

四、操作步骤

　　（一）层间构件复制
　　在首层中，按"F3"键，弹出"批量选择"选项，将需要复制的构件进行选择，如"柱""梁""现浇板"，勾选完构件后点击"确定"，选择"复制到其他层"功能，勾选楼层列表，选择"第 2 层""第 3 层""第 4 层"，点击"确定"后，首层的被选构件，其属性做法及图元均被复制到以上楼层。如图 5.3.1 所示。

图 5.3.1　楼层构件复制

复制完的构件可以通过"楼层显示"在三维视图中查看复制的构件图元效果，如图 5.3.2 所示。

图 5.3.2　楼层显示

对于不同构件图元，如果属性相同，也可以通过"构件列表"中的"层间"复制功能，将已经完成的构件属性及做法复制到其他楼层，这样只需要在其他楼层直接绘制构件就可以了，可以大大减少建模时间。如图 5.3.3 所示。

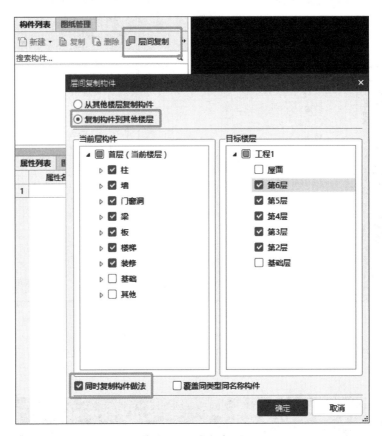

图 5.3.3　层间复制

（二）女儿墙定义绘制

由屋面平面图可以看到，屋面结构包含楼梯间、女儿墙、屋面以及屋面构架，楼梯间做法同下部构造，屋面构架采用梁绘制，不在此处介绍，本任务仅介绍女儿墙及屋面。

1. 女儿墙定义

根据女儿墙大样图，屋面女儿墙为 C25 混凝土现浇结构，高度 1400mm，厚度 100mm，布置范围为屋面四周一圈墙体，如图 5.3.4 所示。

女儿墙可以采用"墙"构件绘制，也可采用"栏板"绘制，为方便墙面装饰布置，此处采用混凝土外墙进行定义，点击导航树中的"墙"构件中找到"剪力墙"，在构件列表中单击"新建"→"女儿墙"，将属性"起点顶标高"和"终点顶标高"修改为"层底标高+1.4"，如图 5.3.5 所示。

2. 女儿墙做法套用

根据女儿墙构造，将构件套用做法，如图 5.3.6 所示。

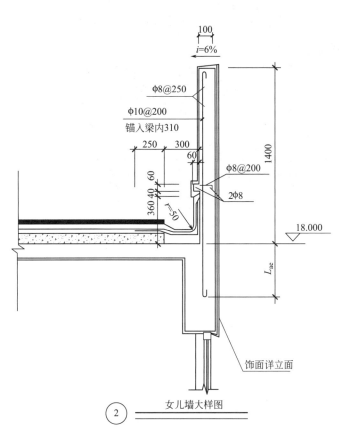

图 5.3.4　女儿墙大样图

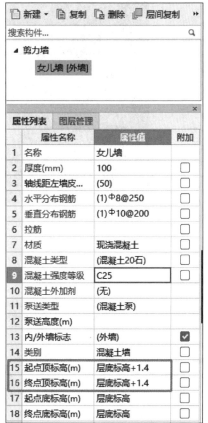

图 5.3.5　新建女儿墙构件

编码	类别	名称	项目特征	单位	工程量表达式	表达式说明	单价
⊟ 010505006	项	栏板	1. 混凝土种类:现浇 2. 混凝土强度等级:C25	m3	TJ	TJ〈体积〉	
A1-5-30	定	现浇混凝土其他构件 栏板、反檐		m3	TJ	TJ〈体积〉	2262.07
⊟ 011702021	项	栏板	1. 构件类型:女儿墙	m2	MBMJ	MBMJ〈模板面积〉	
A1-20-97	定	栏板、反檐模板		m2	MBMJ	MBMJ〈模板面积〉	5807.1

图 5.3.6　女儿墙构件做法

3．女儿墙的绘制

绘制方法同墙构件，绘制好的女儿墙如图 5.3.7 所示。

（三）屋面定义绘制

1．屋面定义

根据平屋面构造大样图，屋面构造如图 5.3.8 所示。

在导航树中的"其他"构件中找到"屋面"，在构件列表中单击"新建"→"屋面"，如图 5.3.9 所示。

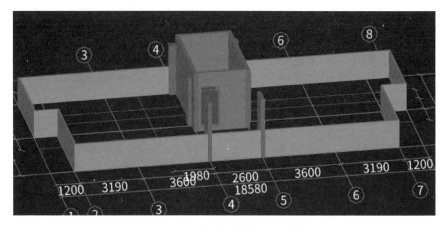

图 5.3.7　女儿墙绘制三维效果

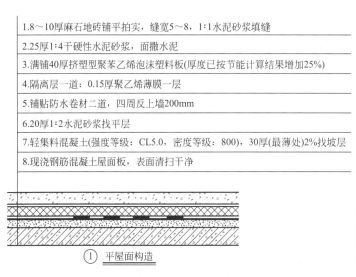

1.8～10厚麻石地砖铺平拍实，缝宽5～8，1:1水泥砂浆填缝

2.25厚1:4干硬性水泥砂浆，面撒水泥

3.满铺40厚挤塑型聚苯乙烯泡沫塑料板(厚度已按节能计算结果增加25%)

4.隔离层一道：0.15厚聚乙烯薄膜一层

5.铺贴防水卷材二道，四周反上墙200mm

6.20厚1:2水泥砂浆找平层

7.轻集料混凝土(强度等级：CL5.0，密度等级：800)，30厚(最薄处)2%找坡层

8.现浇钢筋混凝土屋面板，表面清扫干净

① 平屋面构造

图 5.3.8　屋面构造大样图

图 5.3.9　新建屋面构件

2. 屋面做法套用

根据屋面构造，将构件套用做法，如图 5.3.10 所示。

3. 屋面的点画绘制

选择屋面构件，点画在屋面，绘制完后需要设置防水卷边，选择"设置防水卷边"，选择屋面构件，点鼠标右键确认，弹出"设置防水卷边"对话框，设置"卷边高度（mm）"为"200"，如图 5.3.11 所示。完成后效果如图 5.3.12 所示。

（四）屋面构件汇总计算

构件绘制完成后，在工程量页签下进行云检查，云检查无误后进行"汇总计算"（快捷键"F9"），弹出汇总计算对话框，"查看工程量"功能可以查看各部位工程量，"查看报表"功能可以从"土建报表量"中设置查看当前的"清单定额"汇总表。屋面女儿墙及屋面工程量计算结果见表 5.3.1。

编码	类别	名称	项目特征	单位	工程量表达式	表达式说明	单价
⊟ 011102003	项	块料楼地面	1. 找平层材料种类、厚度:20厚1:2水泥砂浆找平 2. 结合层厚度、砂浆配合比:20mm厚1:4干硬性水泥砂浆 3. 面层材料品种、规格:20厚麻石地砖,300*300 5. 嵌缝材料种类:水泥浆	m2	MJ	MJ<面积>	
A1-12-72	定	楼地面陶瓷地砖(每块周长mm)1300以内 水泥砂浆		m2	MJ	MJ<面积>	8617.54
A1-12-1	定	楼地面水泥砂浆找平层 混凝土或硬基层上 20mm		m2	MJ	MJ<面积>	869.07
⊟ 010902001	项	屋面卷材防水	1. 卷材品种、规格:氯化聚乙烯橡胶共混防水卷材, 厚1.5mm 2. 防水层做法:　(1)15mm厚1:2.5水泥砂浆找平层 3. (2)刷基层处理剂一道 4. (3)特殊部位,使用自粘性密封胶带 5. (4)氯化聚乙烯橡胶共混防水卷材一道,BX-12胶粘剂两道 6. 嵌缝材料种类:氯磺化聚乙烯嵌缝膏 7. 防护材料种类:20mm厚1:2.5水泥砂浆	m2	FSMJ	FSMJ<防水面积>	
A1-10-60	定	屋面聚氯乙烯(PVC)防水卷材 冷贴满铺 1.2mm厚		m2	FSMJ	FSMJ<防水面积>	4177.23
⊟ 011001005	项	保温隔热楼地面	1. 满铺40厚挤塑型聚苯乙烯泡沫塑料板	m2	MJ	MJ<面积>	
A1-11-159	定	粘贴聚苯乙烯板		m2	MJ	MJ<面积>	5181.84

图 5.3.10　女儿墙构件做法

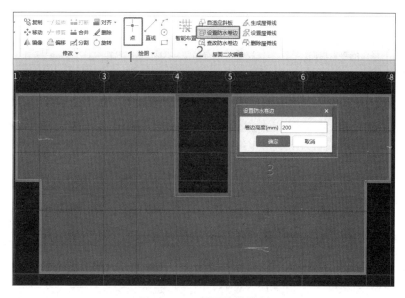

图 5.3.11　屋面构件绘制

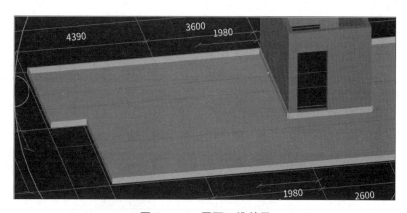

图 5.3.12　屋面三维效果

141

屋面构件汇总计算

表 5.3.1

编码	项目名称	项目特征	单位	工程量
010505006001	栏板(女儿墙)	1. 混凝土种类:现浇 2. 混凝土强度等级:C25	m³	7.0476
A1-5-30	现浇混凝土其他构件　栏板、反檐		10m³	0.70476
010902001001	屋面卷材防水	1. 卷材品种、规格:氯化聚乙烯橡胶共混防水卷材,厚 1.5mm 2. 防水层做法:(1)15mm厚1:2.5 水泥砂浆找平层　(2)刷基层处理剂一道 (3)特殊部位,使用自粘性密封胶带　(4)氯化聚乙烯橡胶共混防水卷材一道,BX-12胶粘剂两道 3. 嵌缝材料种类:氯磺化聚乙烯嵌缝膏 4. 防护材料种类:20mm 厚 1:2.5 水泥砂浆	m²	144.807
A1-10-60	屋面聚氯乙烯(PVC)防水卷材　冷贴满铺　1.2mm 厚		100m²	1.44807
011001005001	保温隔热楼地面	1. 满铺 40 厚挤塑型聚苯乙烯泡沫塑料板	m²	132.115
A1-11-159	粘贴聚苯乙烯板		100m²	1.32115
011102003004	块料楼地面	1. 找平层材料种类、厚度:20 厚 1:2 水泥砂浆找平 2. 结合层厚度、砂浆配合比:20mm 厚 1:4 干硬性水泥砂浆 3. 面层材料品种、规格:20 厚麻石地砖,300mm×300mm 4. 嵌缝材料种类:水泥浆	m²	132.115
A1-12-1	楼地面水泥砂浆找平层　混凝土或硬基层上　20mm		100m²	1.32115
A1-12-72	楼地面陶瓷地砖(每块周长 mm)　1300 以内　水泥砂浆		100m²	1.32115
011702021001	栏板	1. 构件类型:女儿墙	m²	140.952
A1-20-97	栏板、反檐模板		100m²	1.40952

任务小结

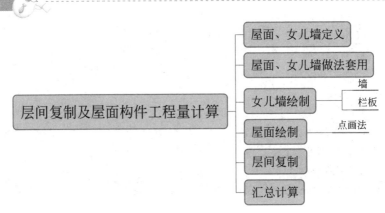

142

模块 6

Chapter 06

CAD导图建模

　　CAD导图是软件快速从CAD图纸中拾取构件和图元，快速完成工程建模的方法。与手动建模一样，操作流程遵循新建、定义、绘制的三部曲，但操作方式由手动建模改为CAD识别，能够大大提高工程建模及算量的效率，让算量变得更加简单。

任务 1　CAD 导图识别　工作页

学习任务 1	CAD 导图识别	建议学时	10
学习目标	1. 了解 CAD 导图原理及建模流程; 2. 熟悉 CAD 导图前期准备流程; 3. 会 CAD 导图识别的基本操作; 4. 提高学生的专业素养和责任意识		
任务描述	本任务是运用广联达 GTJ2021 软件进行建模的基本操作,通过 CAD 图纸的导入快速拾取构件和图元,高效完成工程建模		
学习过程	引导性问题 1:查阅《教师公寓楼》图纸,仔细阅读图纸并根据软件操作回答下列问题。 (1)CAD 导图的基本流程包括哪些步骤? (2)如何进行楼层的识别? (3)柱的识别有哪些方法? (4)如何进行吊筋的识别? (5)独立基础的识别包括哪些过程? 引导性问题 2:二次结构指_____。 引导性问题 3:软件中可以识别的基础类型包括_____和_____、_____、_____。 引导性问题 4:图纸中出现的板洞加筋,可以通过_____的方法完成建模与算量。 引导性问题 5:"查看布筋范围"检查负筋及跨板受力筋的布筋范围,如果有错误,可以通过_____的方法调整到正确的范围。 引导性问题 6:现浇板的识别流程包括哪些内容?		
知识点归纳	见任务小结思维导图		
课后要求	1. 复习"任务 1　CAD 导图识别"的相关内容; 2. 用软件进行《教师公寓楼》图纸导入并进行相关构件的识别		

任务 1　CAD 导图识别

情境导入

　　CAD 导图能够大大提高工程建模及算量的效率，但是为了达到这一目的，有些步骤是要提前操作好的，比如新建项目、识别轴网、CAD 识别选项的调整等。有些 CAD 图纸的标准化程度一般，各类构件没有严格按图层进行区分，各类标注及配筋也不规范，都会影响到建模及算量的效率。为此，了解 CAD 导图的前期准备工作，熟悉 CAD 导图流程则变得异常重要。

一、CAD 导图原理及建模流程

　　1. CAD 导图原理

　　CAD 导图的思路与手动建模方法一致，需要先识别构件，再根据 CAD 图纸上构件边线与标注的关系，建立构件与图元的联系。

　　手动建模与 CAD 导图建模对应关系如图 6.1.1 所示。

　　2. CAD 导图流程

　　CAD 导图的大致方法如下：

　　(1) 首先新建项目，导入 CAD 图纸，识别楼层表，并进行工程设置；

　　(2) 识别轴网，进行必要的 CAD 选项设置；

　　(3) 识别构件。

　　CAD 导图的基本流程如图 6.1.2 所示。

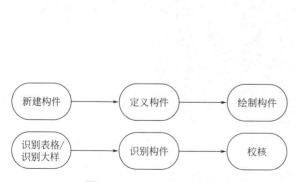

图 6.1.1　CAD 导图原理

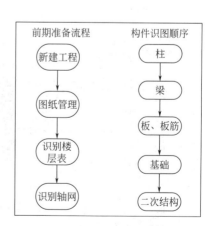

图 6.1.2　CAD 导图流程

二、CAD 导图前期准备流程

1. 新建工程

新建工程→选择计算规则→清单定额库选择→钢筋规则选择→创建工程（方法同模块 1 中的任务 3，此处略）。

2. 图纸管理

进入"图纸管理"界面，点击"添加图纸"，选择图纸所在位置，点击"打开"。如图 6.1.3 所示。

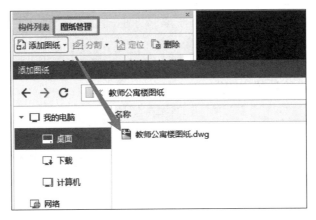

图 6.1.3　添加图纸

选择完图纸后，可以对图纸进行分割整理，图纸分割分为自动分割和手动分割两种方式。案例工程是几张图共用一个 CAD 文件，所以选择手动分割会更为准确。

点击"分割"，选择"手动分割"，拉框选择需要分割的图纸内容，如图 6.1.4 中的首层平面图，手动分割过程中，将图纸对应楼层选择准确，然后在图纸管理中可见首层平面图已归类到"首层"，如图 6.1.4 所示。

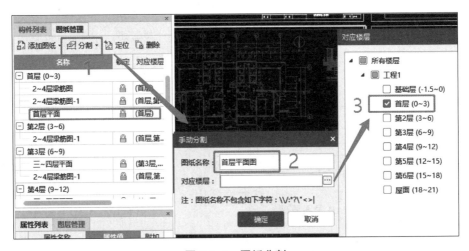

图 6.1.4　图纸分割

3.CAD 底图修改

导入的 CAD 图纸可能会存在识别不出，或者比例不对等问题，可以用 CAD 操作界面下的"查找替换""设置比例""修改 CAD 标注"等功能对图纸进行修正，如本案例的钢筋字符识别不出的问题，可以通过"查找替换"将图纸中识别不出的"匚"替换为"A"，这样软件才可识别。如图 6.1.5 所示。

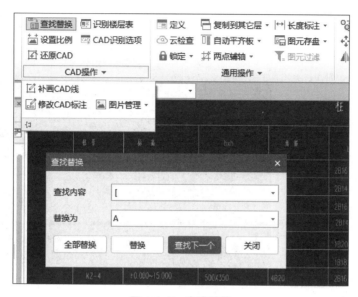

图 6.1.5　查找替换

4.识别楼层表

在 CAD 操作界面点击"识别楼层表"→框选楼层表（右键确认）→确定楼层信息→删除多余行，没有显示的层高可以手动添加→点击识别，即可在楼层列表中看到识别到的楼层信息。如图 6.1.6 所示。

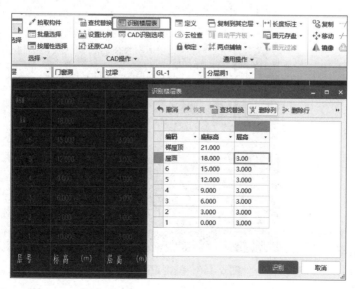

图 6.1.6　识别楼层表

5. 识别轴网

识别轴网的流程为：点击所选图纸（本案例选择图纸：柱平面及柱表）→识别轴网→提取轴线→提取标注→自动识别。

提取轴网标注时需要选择完整，包括轴线、轴号（含轴号外圆圈）、轴线标记。如图 6.1.7 所示。

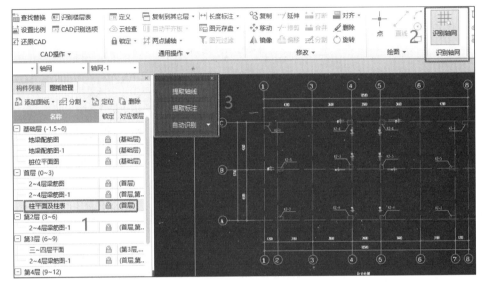

图 6.1.7　识别轴网

提取完的轴网会显示在轴网构件列表下，可参考模块 1 任务 3 中的内容对轴网进行二次编辑。如图 6.1.8 所示。

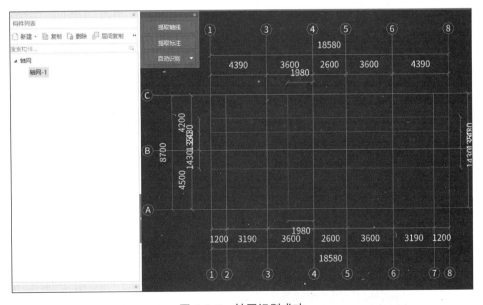

图 6.1.8　轴网识别成功

三、框架柱识别

1. CAD 导图识别柱流程

在常见的 CAD 图中，框架柱经常以柱表的形式出现，而剪力墙暗柱、端柱等则通常以柱大样的形式体现。在软件中，两种情况下的识别方式和步骤不同，前者通过"识别柱表"完成新建构件，后者则通过"识别柱大样"完成构件建立。

本工程案例中，由于工程简单，两种情况都不存在，所以可以通过手动新建完成构件定义。然后通过"识别柱"完成柱构件的建模，最后可以通过"校核柱构件"完成柱图元的检查。具体识别柱的流程如图 6.1.9 所示。

图 6.1.9　识别柱流程

2. 识别柱实施过程

（1）识别柱表

找到柱表所在图纸，点击"识别柱表"→框选柱表→右键确认→核对柱属性→调整柱表内容→识别，如图 6.1.10 所示。

图 6.1.10　识别柱表

注意：识别柱表之前，一定要将图纸切换为柱表所在的图纸，才能够进行柱表识别的操作。

提取完的柱表信息可以在柱构件列表中看到，根据标高信息，此时整楼柱构件已经生成。如图 6.1.11 所示。

（2）识别柱大样

识别柱大样与识别柱表功能是一样的，都是进行构件识别，操作过程：点击"识别柱大样"→提取柱边线→提取标注→提取钢筋线→识别柱大样（自动识别、点选识别）。

提取标注需要提取柱截面尺寸及柱钢筋标注，如果一次无法提取完整，可以多次提取。提取钢筋线时，需要提取柱纵筋及箍筋线。识别柱大样能否采用自动识别要视 CAD 图是否规范，如果不行，则可以采用点选识别来提高识别的准确性。由于本图纸无柱大样，所以以另一个例子作为示范，具体操作如图 6.1.12 所示。

（3）识别柱

"识别柱"是完成建模的最后一步，此时需要对应找到所在楼层的柱平面图进行操作。识别柱具体操作流程为：点击"识别柱"→提取边线→提取标注→识别柱（自动识别、点选识别、框选识别等）。如图 6.1.13 所示。

	属性名称	属性值	附加
1	名称	KZ-1	☐
2	结构类别	框架柱	☐
3	定额类别	普通柱	☐
4	截面宽度(B边)(...	500	☐
5	截面高度(H边)(...	300	☐
6	全部纵筋		☐
7	角筋	4Φ20	☐
8	B边一侧中部筋	2Φ16	☐
9	H边一侧中部筋	1Φ18	☐
10	箍筋	Φ8@100/200(3...	☐
11	节点区箍筋	Φ10@100	☐
12	箍筋肢数	3*4	☐
13	柱类型	(中柱)	☐

图 6.1.11　识别柱表

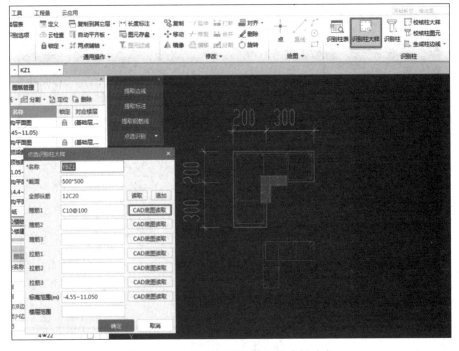

图 6.1.12　从 CAD 底图读取柱大样信息

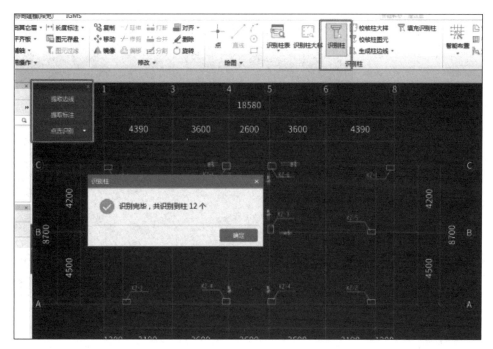

图 6.1.13　识别柱

四、框架梁识别

本案例工程为六层框架结构，框架柱的建模和出量可以通过 CAD 导图完成，梁构件在主体结构中属于钢筋种类最多的一种构件，导图流程相对更复杂，除了要识别集中标注之外，还需要识别原位标注，让所有梁由粉红色变为绿色，才算完成梁主要钢筋的识别，其他如吊筋和附加箍筋等，还需要再次识别出量。

1. CAD 导图识别梁流程

识别梁基本流程为：识别梁→识别梁原位标注→识别吊筋，其中每个过程都分多个步骤进行，见表 6.1.1。

识别梁方法　　　　　　　　　　　　　　　　表 6.1.1

识别梁	提取边线、提取梁标识、识别梁、梁图元校核
识别梁原位标注	识别梁原位标注、原位标注校核
识别吊筋	提取钢筋与标注、自动识别

2. 识别梁实施过程

（1）定位图纸

在"图纸管理"中双击已经分割好的梁平面配筋图，软件定位到 CAD 梁配筋图，如果 CAD 图与轴网没有重合，则需要通过"定位" CAD 图将两者重合。如图 6.1.14 所示。

识别
梁

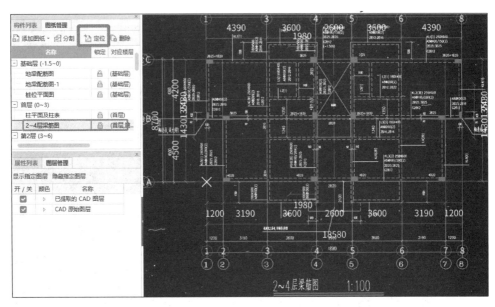

图 6.1.14　定位 CAD 图纸

（2）识别梁

具体操作流程为：点击"识别梁"→提取边线→提取标注→识别梁→校核梁图元。也就是按照软件操作提示框从上到下一步步完成即可，具体操作界面如图 6.1.15 所示。

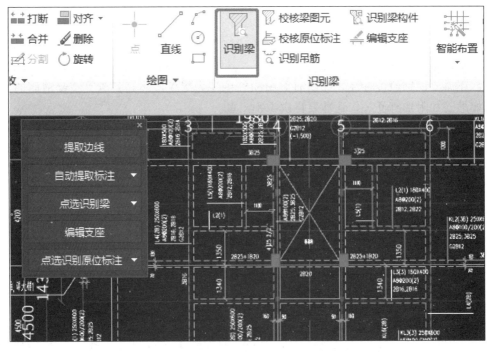

图 6.1.15　识别梁（1）

其中"自动提取标注"可以同时提取集中标注和原位标注，软件默认按图层选择，如果不在同一图层，可以分多次提取。软件可以通过"自动识别梁"完成梁图元的识别，如遇无法自动识别的梁，则可通过"点选识别"完成。如图 6.1.16 所示。

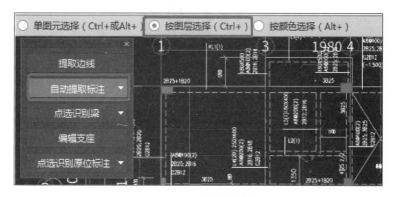

图 6.1.16　识别梁（2）

（3）识别梁原位标注

在确保上一步骤操作完成没有支座错误之后（没有红色的梁），方可进行识别梁原位标注的操作。如图 6.1.17 所示。其中：

"自动识别原位标注"是速度最快的识别方式，能够一次性识别所有原位标注，但是，识别完成后，为了确保准确性，需要逐个检查。

"点选识别原位标注"则需要一个个点选原位标注，一次只能识别一个，效率较低，但是准确率较高，一般可以用于辅助。

"单构件识别原位标注"一次能识别一条梁，相对前两种方法，是一种较为平衡的识别方法。

如采用"点选识别原位标注"及"单构件识别原位标注"时，为了提高识别效率，建议识别完一条梁的原位标注之后，点击一次"应用到同名梁"。如图 6.1.18 所示。

图 6.1.17　识别梁原
位标注

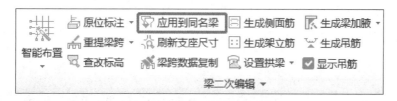

图 6.1.18　应用到同名梁

为了保证识别时支座的准确性，在识别顺序上，可以先识别主梁，再识别次梁，这样可以避免次梁识别不到主梁支座的情况。

（4）识别吊筋

如果 CAD 图中有吊筋和附加箍筋的标注，可以通过"识别吊筋"完成，流程为：点击"识别吊筋"→提取钢筋和标注→自动识别。如果 CAD 图中没有绘制，则可以依据图纸说明通过"生成吊筋"完成吊筋和附加箍筋的识别。如图 6.1.19 所示。

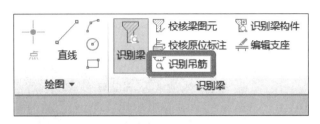

图 6.1.19　识别吊筋

五、现浇板及板钢筋识别

1. 识别现浇板及板钢筋流程

（1）先绘制板（或识别）；

（2）识别板受力筋及负筋，注意负筋布置范围；

（3）绘制板洞加筋；

（4）表格输入砌体墙下板加筋；

（5）表格输入阳角放射筋。

2. 识别板及板钢筋实施过程

（1）绘制板（或识别板）

对于标注规范的现浇板，可以采用识别的方法建模，具体流程如图 6.1.20 所示。

识别板筋

图 6.1.20　现浇板识别流程

　　布置板时先布置特殊板厚的板，再布置没有标注信息的板；在这个步骤中，现浇板可以采用绘制的方式，也可以采用识别的方式，通常采用前者。绘制时，建议先绘制集中标注中标注了板厚的板，而未标注板厚的板，一般图纸说明中会明确，可以统一绘制。如图 6.1.21

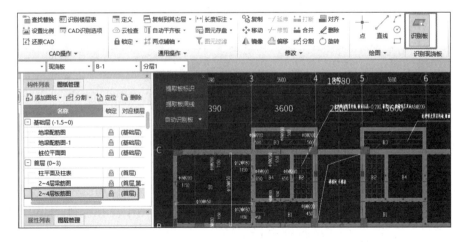

图 6.1.21　识别板构件

及图 6.1.22 所示。

提取板洞线时，注意把板洞口、楼梯井、电梯井和管道井一起提取，如果不在同一图层，可以多次提取，如图 6.1.23 所示。

（2）识别板受力筋

识别板受力筋时按照提取板筋线→提取板筋标注→识别受力筋的流程。如图 6.1.24 所示。

其中：提取板筋线可以同时提取受力筋和支座负筋线，而识别时，可以选择效率更高的自动识别或者准确率更高的点选识别。

识别板筋前，要在构件列表中切换到板受力筋，然后双击对应楼层的 CAD 图纸，点击识别受力筋之后，按照从上到下的顺序进行识别就可以了。点击自动识别后，会

图 6.1.22　识别输入板厚

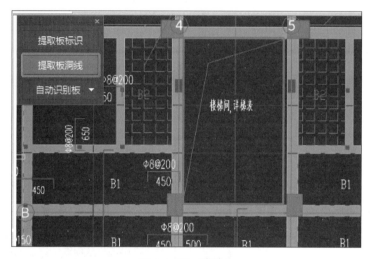

图 6.1.23　楼梯井

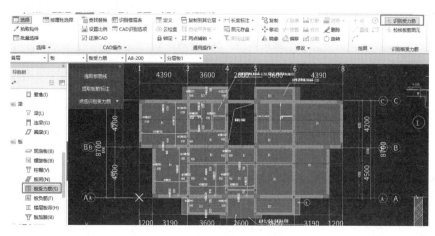

图 6.1.24　识别板受力筋

弹出"识别板筋选项"对话框，这里根据图纸的说明输入就可以了，如图 6.1.25 所示。

图 6.1.25   识别板筋选项

自动识别板筋时，可以通过点击最右侧的定位按钮找到对应钢筋位置，在钢筋类别中可以下拉选择钢筋类别，如图 6.1.26 所示。

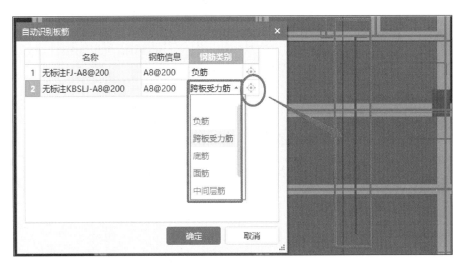

图 6.1.26   自动识别板筋

识别完成之后，可以通过"查看布筋范围"检查负筋及跨板受力筋的布筋范围，如果有错误，可以通过拖动夹点调整到正确的范围，如图 6.1.27 所示。

（3）其他情况

对于图纸中出现的板洞加筋，可以通过在"板洞"构件中添加钢筋信息完成建模与算量，如图 6.1.28 所示。

而对于图纸中出现的砌体墙下加筋和阳角放射筋，可以通过"表格输入"完成算量。例如案例工程在屋面板处配有阳角加筋，则可以根据实际情况完成钢筋计算。如图 6.1.29 和图 6.1.30 所示。

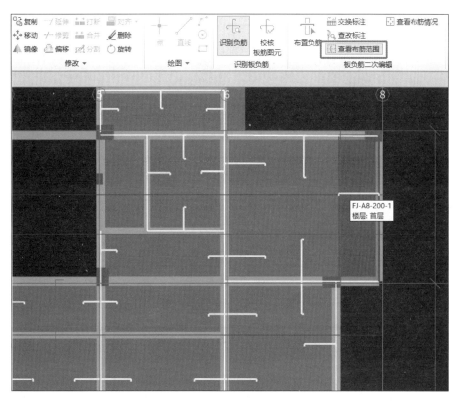

图 6.1.27 查看布筋范围

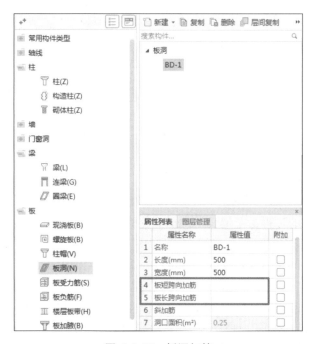

图 6.1.28 板洞加筋

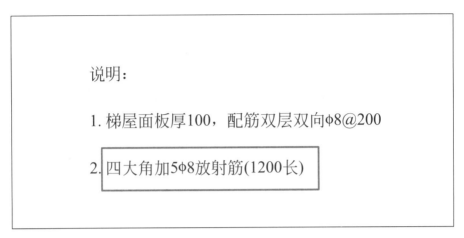

说明：

1. 梯屋面板厚100，配筋双层双向φ8@200

2. 四大角加5φ8放射筋(1200长)

图 6.1.29　阳角放射筋

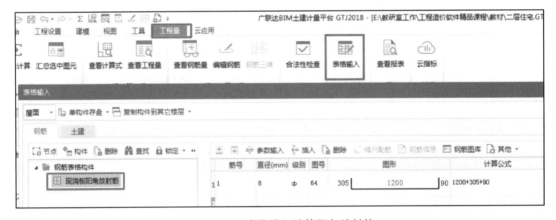

图 6.1.30　表格输入计算阳角放射筋

六、基础识别

软件中可以识别的基础类型包括桩承台基础、桩、基础梁。本工程的基础类型为桩承台基础，所以以桩承台基础为例，介绍识别基础的过程。

桩承台基础识别的过程为：定义构件→识别桩承台基础→构件检查。

1. 识别桩承台基础构件

识别桩承台基础的流程为：提取承台边线→提取承台标识→识别。如图 6.1.31 所示。

2. 识别桩

在桩构件中，选择"识别桩"，由于本图纸未在图上注明桩名称，因此识别出的构件名称为"无标识桩 400＊400"，但是可以通过反建构件的方式，减少建模时间，后期只需要修改属性名称及尺寸即可。如图 6.1.32 所示。

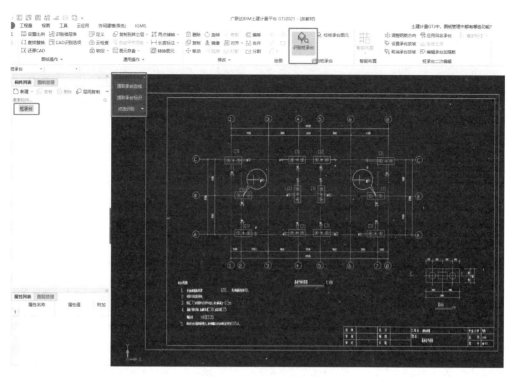

图 6.1.31　识别桩承台基础

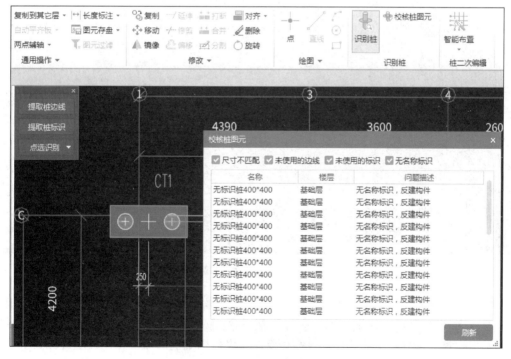

图 6.1.32　识别桩

七、二次结构识别

二次结构是在主体承重构件施工完成之后在装修工程施工之前进行的砌体墙、门窗、过梁、构造柱、圈梁等构件。一般二次结构中，砌体墙和门窗可以通过识别的方式完成建模和算量，过梁、构造柱、圈梁等构件，一般通过手动的方式完成新建、绘制和出量，详见模块 2 相关内容。

1. 砌体墙识别

砌体墙识别流程为：提取砌体墙边线→提取墙标识（如没有墙标识，可忽略）→提取门窗线→识别砌体墙。有时 CAD 图在门窗位置不再绘制砌体墙边线，但如果在门窗洞口位置不贯通绘制砌体墙会造成门窗无法布置，所以，识别砌体墙之前，要"提取门窗线"。

识别前，先将图纸切换到对应楼层的平面图，定位图纸，然后按照软件提示的步骤从上到下完成识别。如图 6.1.33 所示。

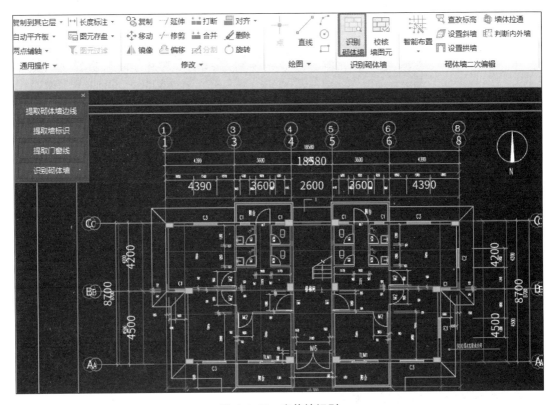

图 6.1.33　砌体墙识别

识别完墙体之后，一定要确认外墙是否闭合（无论是砌体墙还是剪力墙，识别完成之后要修改内外墙属性），如果不闭合需要调整闭合，或用新建虚墙补上。外墙是否闭合会影响到工程量的计算，比如砌体墙抗裂钢丝网。砌体墙钢丝网需要得出外墙外侧、外墙满挂、外墙内侧钢丝网长度，如果外墙闭合就无法从软件中提取出外墙内侧钢丝网长度，如图 6.1.34 所示。

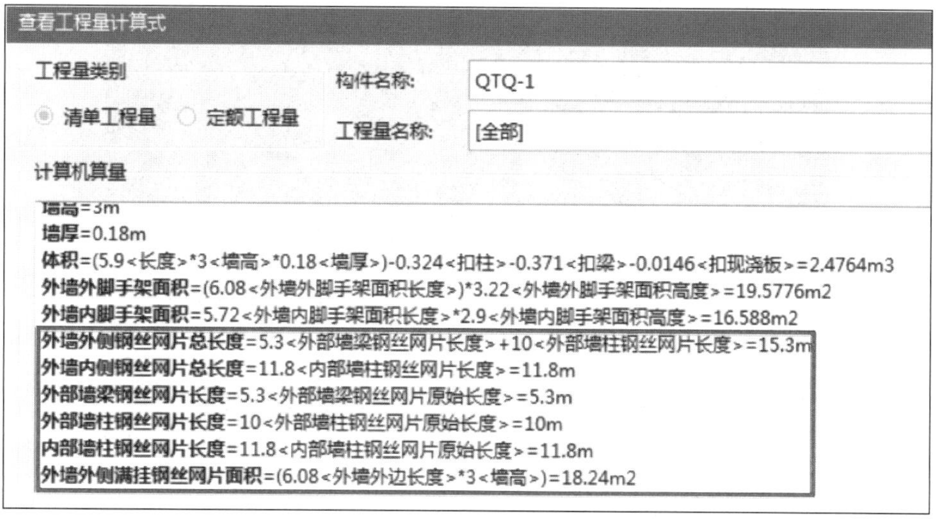

图 6.1.34　砌体墙抗裂钢丝网计算

2. 门窗洞口识别

门窗洞口识别流程为：识别门窗表→识别门窗洞→校核。

其中，识别门窗表流程为：识别门窗表→框选门窗表→右键确认→确认门窗信息→删除无用行、列→识别。在此过程中，确认门窗信息时，需要修改窗的离地高度，从立面图看出 C1、C3 窗离地高度为 900，C2 离地高度为 2400，因此在识别出的门窗表内容中，加入离地高度的设置，构件材质设置为“备注”。如图 6.1.35 和图 6.1.36 所示。

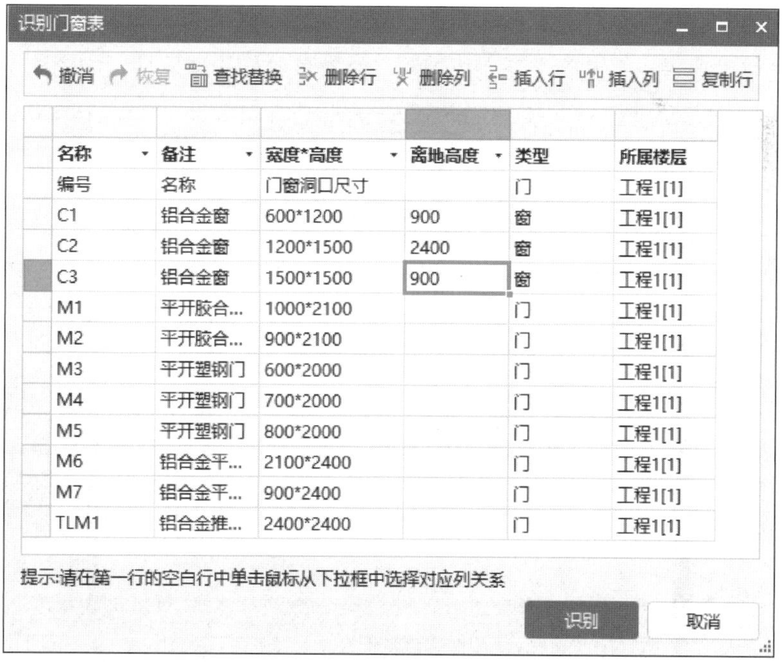

名称	备注	宽度*高度	离地高度	类型	所属楼层
编号	名称	门窗洞口尺寸		门	工程1[1]
C1	铝合金窗	600*1200	900	窗	工程1[1]
C2	铝合金窗	1200*1500	2400	窗	工程1[1]
C3	铝合金窗	1500*1500	900	窗	工程1[1]
M1	平开胶合...	1000*2100		门	工程1[1]
M2	平开胶合...	900*2100		门	工程1[1]
M3	平开塑钢门	600*2000		门	工程1[1]
M4	平开塑钢门	700*2000		门	工程1[1]
M5	平开塑钢门	800*2000		门	工程1[1]
M6	铝合金平...	2100*2400		门	工程1[1]
M7	铝合金平...	900*2400		门	工程1[1]
TLM1	铝合金推...	2400*2400		门	工程1[1]

图 6.1.35　识别门窗表

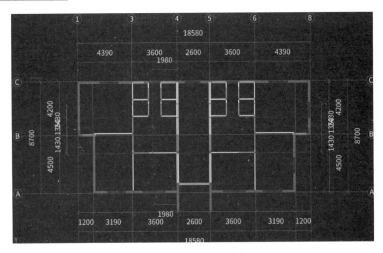

图 6.1.36　门窗识别成功

八、装修识别

在实际工程 CAD 图纸中，如果提供了带有房间做法明细表，并且表中明确了每个房间的名称，以及房间内地面、墙面、踢脚线、天棚、吊顶等一系列做法，并且在建筑平面图上，注明了每个房间的位置，那就可以采用识别的方法完成装修工程的建模和算量，大大提高工作效率。本案例工程只有装修做法表，采用按构件识别装修表。

1. 识别装修做法表流程

构件树切换到装修（房间）界面→双击切换图纸到装修做法表→点击"按构件识别装修表"→框选装修做法表→右键确定→完成识别→修改各装修构件属性。如图 6.1.37 所示。

图 6.1.37　按构件识别装修表命令

2. 点画房间

通过识别新建完装修构件之后，可以通过模块 4 介绍的组合房间的操作方式将房间装修布置上去。

任务小结

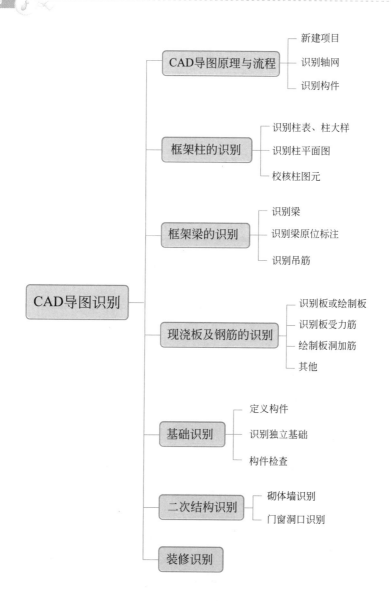

CAD导图识别

- CAD导图原理与流程
  - 新建项目
  - 识别轴网
  - 识别构件
- 框架柱的识别
  - 识别柱表、柱大样
  - 识别柱平面图
  - 校核柱图元
- 框架梁的识别
  - 识别梁
  - 识别梁原位标注
  - 识别吊筋
- 现浇板及钢筋的识别
  - 识别板或绘制板
  - 识别板受力筋
  - 绘制板洞加筋
  - 其他
- 基础识别
  - 定义构件
  - 识别独立基础
  - 构件检查
- 二次结构识别
  - 砌体墙识别
  - 门窗洞口识别
- 装修识别

任务 2 Revit 建模 工作页

学习任务 2		Revit 建模	建议学时	20
学习目标		1. 了解工程概况及招标范围; 2. 了解 BIM 技术标准基础; 3. 熟悉信息化建模的基本操作; 4. 增强对专业发展的认识和专业就业的信心		
任务描述		本任务是根据广州市某教师公寓楼工程项目施工图使用 Revit 软件创建信息化模型,学会该项目的基本结构(墙、柱、板、梁及楼梯)、门窗、构筑物及零星附属物等的建模过程,并生成基本的工程量明细表。同时对《建筑信息模型设计交付标准》GB/T 51301—2018 有基础的认识		
学习过程		引导性问题 1:建筑信息模型包含的最小模型单元应由模型精细度等级衡量,模型精细度基本等级划分为_____个等级,其中 LOD3.0 包含的最小模型单元为_____。 引导性问题 2:绘制墙体时需要注意其控制参数,包括:_____、_____及_____。 引导性问题 3:绘制柱的时候应该选用(建筑柱/结构柱)功能。 引导性问题 4:平屋顶的两种基本绘制方法分别是_____和_____。 引导性问题 5:在设置楼梯参数时,楼梯级数对应的尺寸标注为_____,使用的楼梯类型为_____。 引导性问题 6:当视图范围中的剖切面数值低于某一图元的底标高时,在平面图上(可以/不可以)看见该图元。 引导性问题 7:要消除梁和柱连接部位多余的轮廓线,可以采用_____功能。 引导性问题 8:在明细表中统计墙体工程量时,需要在字段中选择_____。 引导性问题 9:在明细表中统计门窗工程量时,需要在格式中勾选_____。		
知识点归纳		见任务小结思维导图		
课后要求		1. 复习"任务 2 Revit 建模"的相关内容; 2. 用软件进行《教师公寓楼》图纸建模		

任务 2 **Revit 建模**

情境导入

　　该任务以《教师公寓楼》图纸为案例，从轴网的绘制到最终模型的创建，以任务为向导，基于 Revit 软件的逐步操作，让学生在完成每一步任务的同时，有效掌握每一个步骤的内容，熟悉各种建筑图元的放置、绘制及编辑功能，为后期施工图、三维可视化效果以及算量做准备。

一、新项目的创建及轴网的绘制

　　1. 打开 Revit 软件，点击软件左上角的 图标。选择"新建"→"项目"，如图 6.2.1 所示。

图 6.2.1　新建项目选项

　　2. 选择右侧"浏览"按钮，在打开的文件浏览窗口中找到"BIM 应用-建筑样板"并双击打开，然后选中"新建"栏目中的"项目"选项，点击"确定"，打开新建项目，如图 6.2.2 所示。

　　3. 打开新建项目后，选择上方"建筑"选项卡，如图 6.2.3 所示。

　　4. 在右方找到"基准"页，点击"轴网"，启动轴网绘制功能，如图 6.2.4 所示。

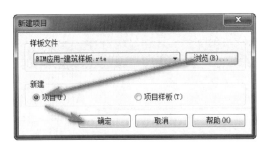

BIM应用-建筑样
板.rte

图 6.2.2　新建项目样板选择

图 6.2.3　建筑选项卡

5. 在激活的"修改 | 放置轴网"选项卡右侧找到"绘图"页里，选择"直线"工具开始绘制轴网，如图 6.2.5 所示。

图 6.2.4　轴网按钮

图 6.2.5　直线绘制按钮

轴网的
绘制

6. 在绘图区域内从竖直方向绘制第一段横向轴线，如图 6.2.6 所示。

7. 然后在上方"修改"页内点击"复制"按钮，如图 6.2.7 所示。

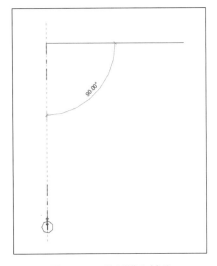

图 6.2.6　绘制横向轴线

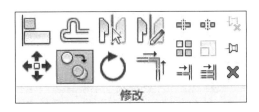

图 6.2.7　修改指令——复制

8. 点选已绘制的横向轴线，按"回车"键进入复制操作，然后勾选绘图区左上方的"约束"和"多个"选项，再回到轴线右侧空白处点击鼠标左键，并向右水平移动一定距离后，依次输入各段轴间距数值并按回车，复制轴线②～⑧轴，如图 6.2.8 所示。

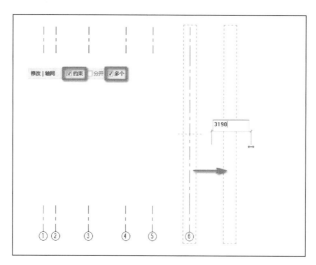

图 6.2.8　复制轴网

9. 以同样的方式从水平方向绘制一段纵向轴线，但首先会绘制出 9 号轴线，此时选中该轴线，然后到属性栏下修改其名称为"A"即可，如图 6.2.9 所示，然后通过复制的方式向上绘制出轴线 B 和轴线 C。

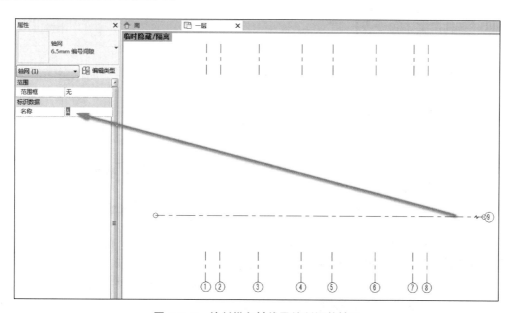

图 6.2.9　绘制纵向轴线及编制调整轴号

10. 从右下往左上方框选所有轴网，然后在"属性"面板点击"编辑类型"，在弹出的对话框中点选类型为"6.5mm 编号"，再勾选下方的"平面视图轴号端点 1（默认）"，最后按"确认"即可，如图 6.2.10 所示，至此完成 1 层轴网的绘制。

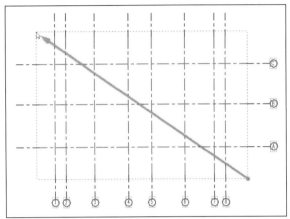

图 6.2.10　轴网的编辑与完善

二、墙体的创建与绘制

墙体创建
与绘制

1. 完成轴网绘制后，回到"建筑"选项卡，在"构件"页里找到"墙"按钮并单击，启动绘制墙命令，如图 6.2.11 所示。

2. 在"属性"面板中选择"基本墙"后，点击其右下方的"编辑类型"按钮，启动墙的类型属性编辑器，如图 6.2.12 所示。

图 6.2.11　建筑墙绘制

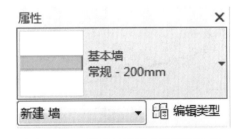

图 6.2.12　选择墙类型及编辑类型-墙

3. 在弹出的"类型属性"对话框中，点击"复制"按钮，复制新的墙类型并对其进行名称的修改，把新复制出来的墙的类型修改为"180 厚"，如图 6.2.13 所示。

4. 完成新类型复制后，在"类型属性"对话框的下方"构造"栏内找到"结构"项，点击其右侧的"编辑"按钮，如图 6.2.14 所示。

5. 在打开的"编辑部件"对话框内，修改其中的"结构［1］"对应的"厚度"为180，然后点击两次"确认"，完成墙体类型的创建，如图 6.2.15 所示。

6. 开始绘制墙体，把光标移动到②轴和Ⓐ轴的交点处，捕抓到该交点并单击鼠标左键，开始绘制墙体，如图 6.2.16 所示。

图 6.2.13　创建新类型墙

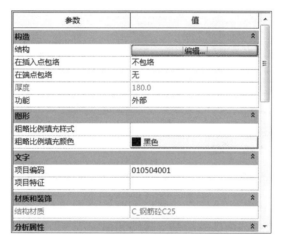

图 6.2.14　墙构造结构编辑

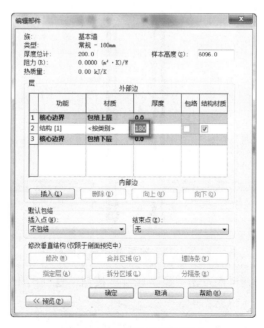

图 6.2.15　修改结构层厚度

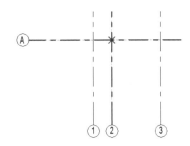

图 6.2.16　绘制墙-起点

7. 在开始绘制墙体后，在其绘制控制栏里选择"未连接"项，并选择"二层"，在"定位线"选项里选择"核心面：外部"，同时勾选后面的"链"选项，继续绘制其余墙体，如图 6.2.17 所示。

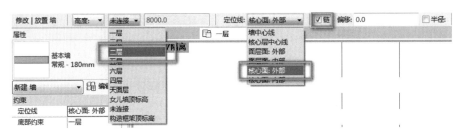

图 6.2.17　墙体绘制基本参数设置-高度连接

8. 绘制途中依次点击各轴线交点，并以顺时针方向进行绘制便可正确完成所有外墙的绘制，如图 6.2.18 所示。内墙的绘制与外墙相似。

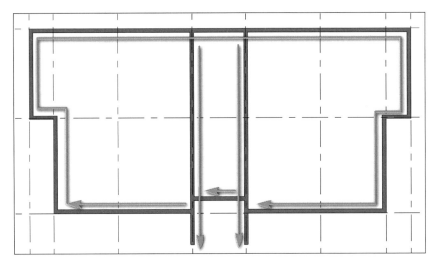

图 6.2.18　绘制墙-中点及终点

9. 完成内外墙绘制后，再次点击"类型属性"按钮，复制出阳台围墙类型，如图 6.2.19 所示。

10. 在对应的绘制控制栏里把"未连接"后的高度设置为 1200，"定位线"选择"面

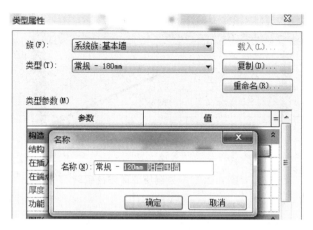

图 6.2.19　复制阳台围墙类型

层面：内部"，同样勾选"链"选项，开始绘制阳台围墙，如图 6.2.20 所示。

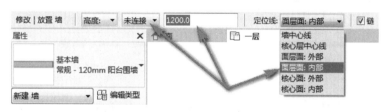

图 6.2.20　设置阳台围墙高度及定位线

11. 绘制阳台围墙时，可以选择③轴和Ⓐ轴的交点作为绘制起点，沿顺时针方向绘制，绘制左侧第一面围墙时，可较为随意地绘制其长度，如图 6.2.21 所示。

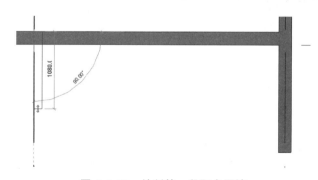

图 6.2.21　绘制第一段阳台围墙

12. 向右直接画到与④轴墙体相交处，点击左键即可完成该阳台围墙的绘制，如图 6.2.22 所示。

13. 绘制出阳台围墙后，在"修改"选项卡里找到"对齐"按钮，单击启动对齐命令，如图 6.2.23 所示。

14. 进行对齐操作的时候，先点击④轴墙端的边线，以其作为参照基准，再点击阳台围墙的外边线，以使其与内墙左边线对齐，如图 6.2.24 所示。

15. 反复使用"复制""移动"和"对齐"功能完成所有内墙的绘制，最终完成的墙

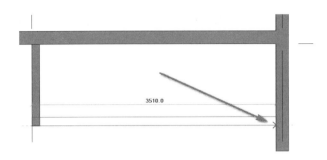

图 6.2.22　绘制第二段阳台围墙

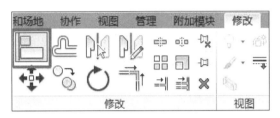

图 6.2.23　"对齐"按钮

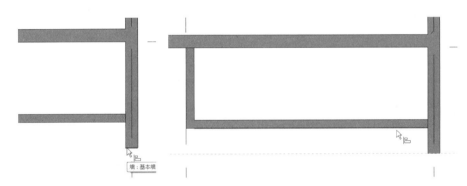

图 6.2.24　对齐第三段阳台围墙

体如图 6.2.25 所示。

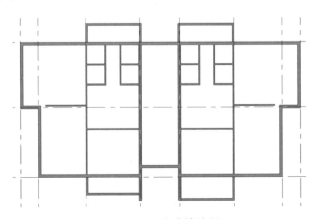

图 6.2.25　完成墙绘制

三、柱的创建与绘制

1. 完成墙体之后，回到"建筑"选项卡，点击"柱"按钮，启动结构柱的绘制，如图 6.2.26 所示。

2. 按照前面创建墙体类型的方法，在"属性"界面内点击"编辑类型"按钮，复制新的柱类型并命名，如图 6.2.27 所示。

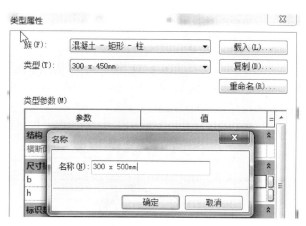

图 6.2.26　"柱"按钮　　　　　　　图 6.2.27　复制结构柱类型

3. 在下方"尺寸标注"栏里把对应的 b 和 h 值分别改为 300 和 500 后按两次确定，完成柱类型的创建，如图 6.2.28 所示。

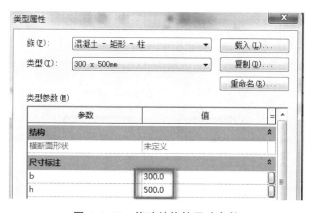

柱的创建
与绘制

图 6.2.28　修改结构柱尺寸参数

4. 放置结构柱之前，在绘制属性栏里把柱的连接方式"深度"改选为"高度"，右侧对应的高度位置选择"二层"，如图 6.2.29 所示。

5. 开始放置柱子，在放置的时候把结构柱的边缘线对齐墙外边线或者对齐轴线，如果发现柱的方向不对则可以按一下"空格"键进行旋转，然后点击鼠标左键即可完成放置，如图 6.2.30 所示，放置后若发现仍未精确对齐，则可采用"对齐"命令进行修正。

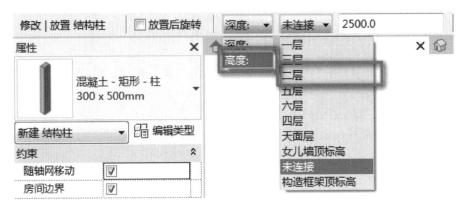

图 6.2.29　修改结构柱放置参数及选择结构柱顶部位置

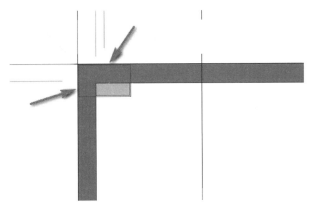

图 6.2.30　放置结构柱

6. 以同样的方法创建出"350×500"和"400×500"的柱子类型,逐步放置好一层的所有柱子后,鼠标从左上到右下框选所有柱子,这时候会同时选中一部分墙体,如图 6.2.31 所示。

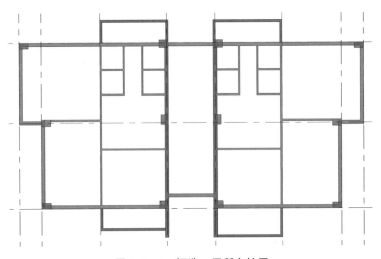

图 6.2.31　框选一层所有柱子

7. 在上方找到"选择"页，点击"过滤器"按钮，在弹出的"过滤器"对话框中，取消勾选"墙"，只保留"结构柱"的选项，然后点击确定，这样便可只选中所有的柱子，如图 6.2.32 所示。

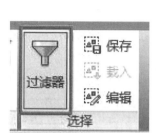

图 6.2.32 使用过滤器过滤出结构柱

8. 选中所有柱后，在左边"属性"页里找到"约束"栏，把其中的"底部偏移"值修改为－500，使结构柱向基础层深入 500mm 直到基础的顶部位置，如图 6.2.33 所示。

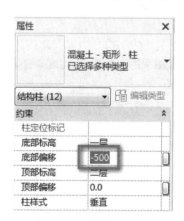

图 6.2.33 编辑柱底标高

四、门的创建与绘制

1. 绘制门窗同样是在"建筑"选项卡里的构建页，点击"门"按钮，启动门的绘制，如图 6.2.34 所示。

2. 以创建墙和柱类型的方法同样创建出门的类型，单击"编辑类型"按钮打开"类型属性"对话框，以"单扇-与墙齐"为基础复制出"M2"门类型，如图 6.2.35 所示。

3. 然后在下方"尺寸标注"页内修改"高度"为 2100，修改"宽度"为 900，如图 6.2.36 所示。

门的创建
与绘制

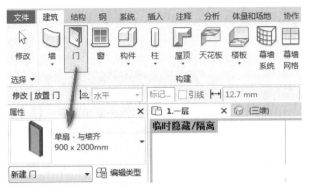

图 6.2.34 "门"按钮

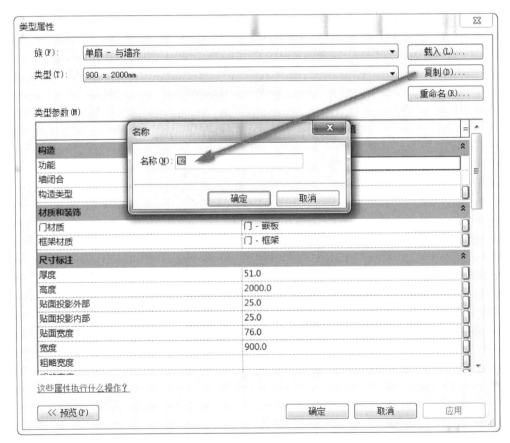

图 6.2.35 复制门类型

4.完成 M2 门的类型创建后,同时复制出其他尺寸的门,以同样的方法将其高度及宽度进行修改。

5.完成门的类型创建后,准备放置门,在"修改"选项卡内勾选"在放置时进行标记",然后可以开始放置门,如图 6.2.37 所示,门只能在墙上进行放置,如果没有任何图元载体,将无法放置门。

图 6.2.36　修改门类型尺寸

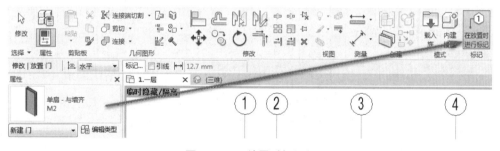

图 6.2.37　放置时标记门

6. 最后需要微调门的正确位置尺寸，此时选中要微调的门，在其附近出现临时标注，左键按住临时标注上方的小圆点，可以拖动其标注的具体位置，此处尝试把门的左侧临时标注的左边界线拖动到轴线处，使其标注轴线与门左边线之间的距离，如图 6.2.38 所示。

7. 点击临时标注上的数字，并在弹出的小框内输入对应尺寸后按回车键结束操作，如图 6.2.39 所示。

8. 还可以点击门附近的"双箭头"方向控制按钮，进行门的方向更正，调整门的内外开启方向和门扇的左右开启方向，如图 6.2.40 所示。

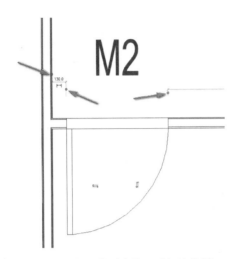

图 6.2.38 编辑门临时定位尺寸标注位置

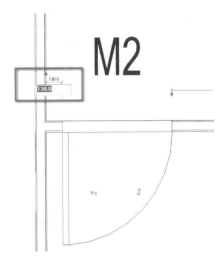

图 6.2.39 修改门定位尺寸数值

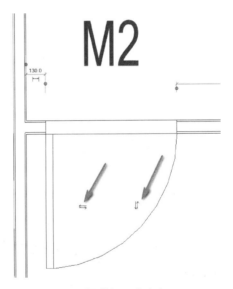

图 6.2.40 调整门开启方向

五、窗的创建与绘制

1. 放置窗与放置门是相似的，首先在"建筑"选项卡内找到"窗"按钮，点击启动窗的绘制，如图 6.2.41 所示。

2. 在属性页面点击"编辑类型"按钮，然后以"组合窗-双层单列"为基础复制新的窗类型，并命名为"C2"，如图 6.2.42 所示。

3. 然后在"尺寸标注"页内把"高度"修改为1500，把"宽度"修改为1200，点击两次"确定"按钮，完成窗的类型创建，如图 6.2.43 所示。

窗的创建
与绘制

图 6.2.41　"窗"按钮

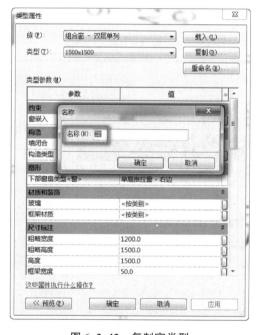

图 6.2.42　复制窗类型

图 6.2.43　修改窗尺寸

4. 与放置门相似，放置窗的时候同样需要有墙作为载体才可以放置，放置后再对窗的临时标注进行界线的移动及标注数值的修改，以微调窗的准确放置位置，如图 6.2.44 所示。

5. 在微调窗的位置时，先把其左侧临时标注的左侧尺寸线拖动到左边的墙中心线上对齐，如图 6.2.45 所示。

6. 点击临时标注上的数值，在弹出的白色框内输入 700 后回车完成微调，如图 6.2.46 所示。

7. 在左侧的属性页面内，找到"限制条件"下面的"底高度"，并将其修改为 1900，完成窗的放置，如图 6.2.47 所示。

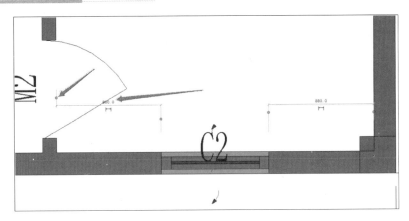

图 6.2.44　编辑窗临时定位尺寸标注位置及窗临时尺寸数值

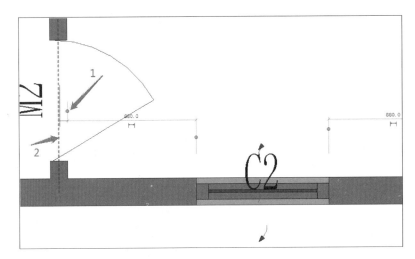

图 6.2.45　对齐窗临时定位尺寸标注位置

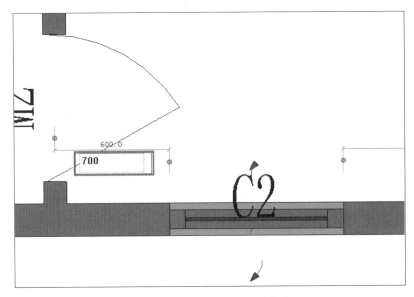

图 6.2.46　编辑窗临时尺寸数值

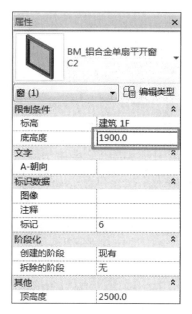

图 6. 2. 47　修改窗底高度

六、楼板的创建与绘制

1. 打开"建筑"选项卡，找到"楼板"按钮并单击启动绘制楼板命令如图 6.2.48 所示。

图 6. 2. 48　绘制楼板

2. 在"属性"页面内点击"编辑类型"按钮，以"基板 _ 钢筋砼 C25-300 厚"作为基准复制新的楼板类型，修改其名称为 100 厚，如图 6.2.49 所示。

3. 在下方"构造"栏内的"结构"左侧，点击"编辑"按钮，如图 6.2.50 所示。

4. 在打开的编辑部件对话框内修改"结构 [1]"对应的厚度为 100，然后点击两次"确定"按钮，如图 6.2.51 所示。

5. 在绘制栏点选"直线"工具，开始绘制楼板边界，如图 6.2.52 所示。

6. 绘制室内楼板时，使用直线工具沿着外墙内边线绘制一圈轮廓线，如图 6.2.53 所示。

7. 绘制完成后点击上方的"√"完成编辑模式，完成楼板的绘制，如图 6.2.54 所示。

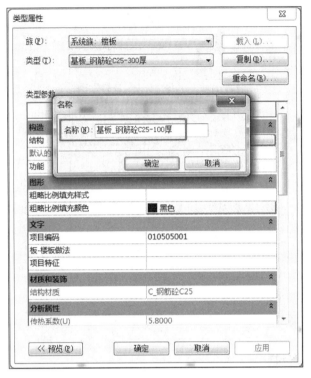

图 6.2.49　复制并编辑楼板类型

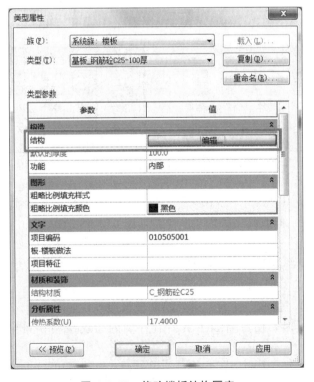

图 6.2.50　修改楼板结构厚度

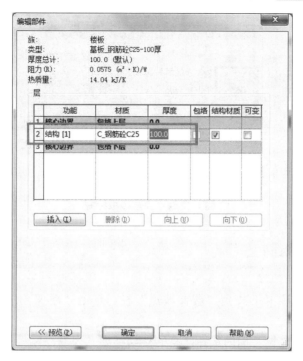

图 6.2.51　修改结构厚度数值

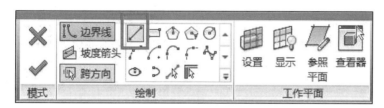

图 6.2.52　选择楼板边缘绘制模式

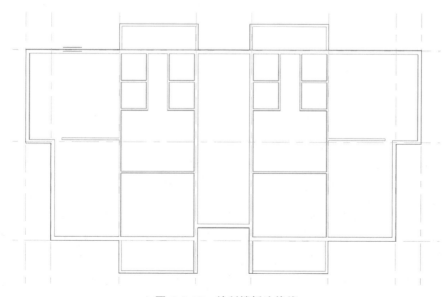

图 6.2.53　绘制楼板边缘线

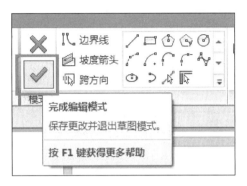

图 6.2.54　完成楼板绘制

七、楼梯的设定与绘制

1. 在"建筑"选项卡下找到"楼梯坡道"栏，点击"楼梯"按钮启动楼梯的绘制，如图 6.2.55 所示。

2. 绘制楼梯时在属性页面内选择已有的楼梯类型"现场浇注楼梯"，然后点击"编辑类型"按钮，如图 6.2.56 所示。

楼梯设定
与绘制

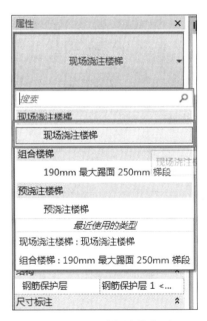

图 6.2.55　"楼梯"按钮　　　　图 6.2.56　选择楼梯类型

3. 进入类型属性编辑页面后找到"类型参数"下的"计算规则"栏，将其"最大踢面高度"修改为 180，"最小踏板深度"修改为 260，然后找到"构造"栏，将其"平台类型"更换为"100mm 厚度"，如图 6.2.57 所示。

4. 在更换"平台类型"的时候，如果没有合适的选项进行更换，那就点击其右侧的小型浏览按钮，如图 6.2.58 所示。

图 6.2.57　编辑楼梯参数

图 6.2.58　选择梯板厚度

5. 在打开的平台类型属性中，先复制新的平台类型为"100mm 厚度"，然后找到"构造"栏，把"整体厚度"修改为 100，按多次确定按钮完成楼梯类型的创建，如图 6.2.59 所示。

6. 完成楼梯类型的创建后，在属性页面的"限制条件"下调整"底部标高"为"建筑 1F"，"顶部标高"为"建筑 2F"，确保"底部偏移"和"顶部偏移"的值都为 0，再到下方"尺寸标注"栏内找到"所需踢面数"，将其修改为 18，如图 6.2.60 所示。

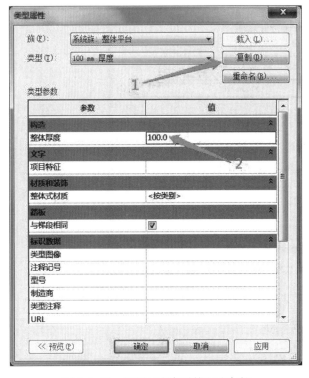 

图 6.2.59 复制厚度类型并更改参数　　　图 6.2.60 编辑楼梯绘制参数

7. 设定好楼梯属性后，在绘制属性栏的"定位线"左侧修改为"梯段：右"，同时修改"实际梯段宽度"为 1205 并勾选"自动平台"，如图 6.2.61 所示。

图 6.2.61 选择楼梯定位线

8. 完成所有设置后，开始绘制楼梯，沿着右侧墙的左边线绘制楼梯梯段，绘制的同时留意楼梯绘制的起始点下方，有"创建了×个踢面，剩余×个"的提示，先绘制 9 个踢面，剩余 9 个，如图 6.2.62 所示。

9. 沿着轴线水平追踪到左边墙面，开始绘制剩余的梯段，如图 6.2.63 所示。

10. 在开始绘制右方梯段时，楼梯的休息平台被自动生成并连接到两梯段之间，如图 6.2.64 所示。

11. 完成绘制操作后，点击上方"模式"的"√"，完成编辑模式，如图 6.2.65 所示。

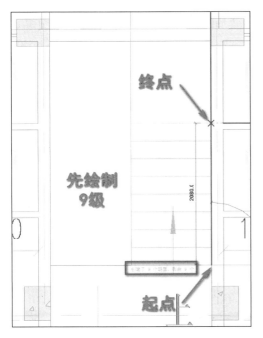

图 6.2.62　绘制 9 级楼梯

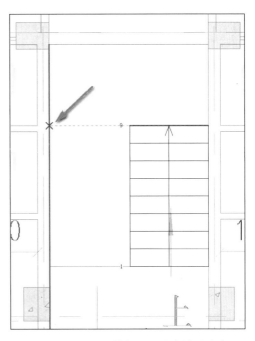

图 6.2.63　追踪捕捉另一端内墙线交点

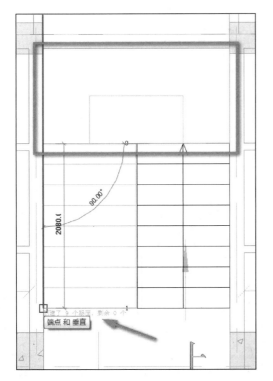

图 6.2.64　沿内墙边线绘制完所有梯级并自动生成休息平台

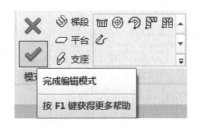

图 6.2.65　完成楼梯绘制

12. 绘制出基本的楼梯后，需要对齐进行微调，首先是调整楼梯的上下方向，在楼梯起始位置或结束位置的附近，有一个小型的箭头，这是楼梯的方向控制柄，对其进行点击即可改变楼梯的上落方向，如图 6.2.66 所示。

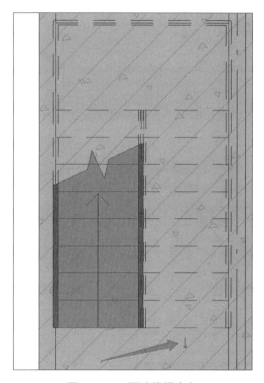

图 6.2.66　更改楼梯方向

13. 调整好楼梯的方向后，修改楼梯的具体位置，首先点击上方的"√"完成编辑模式，暂时结束楼梯的绘制，点击"注释"选项卡，找到"尺寸标注"栏，点击"对齐"按钮，启动对齐标注，如图 6.2.67 所示。

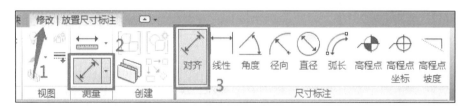

图 6.2.67　启动尺寸标注

14. 依次分别点击楼梯最底下的边线，及Ⓐ轴线，生成尺寸标注，如图 6.2.68 所示。

15. 选中楼梯，再点击刚绘制的标注上的数值，在出现的白色输入框内输入 1180，按回车完整楼梯的位置调整，如图 6.2.69 所示。

16. 在处于楼梯编辑的状态中点击休息平台，在选中的休息平台周边会出现三个小箭头，如图 6.2.70 所示，按左键拖动该小箭头可以拉伸休息平台，将其边缘拉伸到与墙边对齐即可完成楼梯绘制，如图 6.2.70 及图 6.2.71 所示。

图 6.2.68　选择对齐标注位置

图 6.2.69　选择楼梯并修改位置尺寸

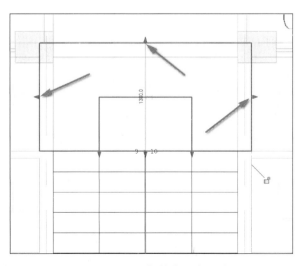

图 6.2.70　编辑休息平台尺寸

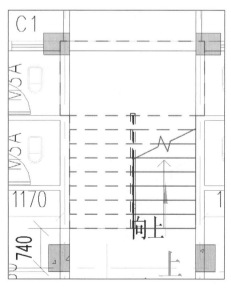

图 6.2.71　完成楼梯编辑

八、台阶与散水的绘制

台阶与散
水的绘制

    1. 绘制大门外台阶时，首先通过楼板复制的方式创建门外的楼板，如图 6.2.72 所示。

    2. 复制新的台阶楼板类型后，在左侧属性框下设置其"自标高的高度偏移"值为−20，如图 6.2.73 所示。

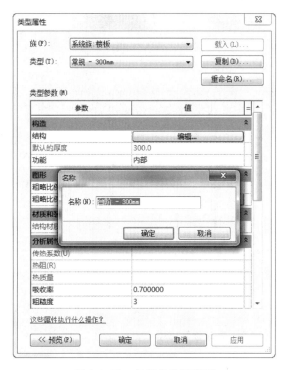

图 6.2.72　复制台阶板类型

图 6.2.73　编辑台阶板高度

    3. 在对应位置绘制该楼板的边缘线，首先确定左右两侧的位置，然后单击选中左上角作为起点，向右下角轴线与墙线交点绘制即可，如图 6.2.74 所示。

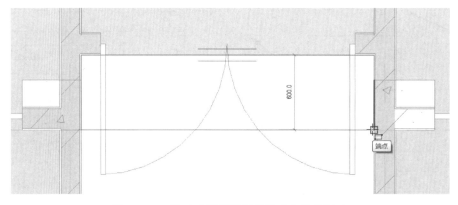

图 6.2.74　选中台阶板边缘线修改台阶板尺寸

4. 在绘制好门外的楼板后，点击"建筑"选项卡下的"构件"按钮，如图 6.2.75 所示。

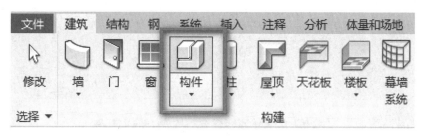

图 6.2.75　绘制台阶的构件功能

5. 在启动构件放置功能后，在左侧属性框中找到其对应的"台阶"类型，然后开始绘制台阶，如图 6.2.76 所示。

图 6.2.76　选择台阶边缘

6. 该台阶绘制方法非常简单，只需在先前画好的楼板的外边缘沿边线从左向右绘制，捕捉右侧墙边线后点击即可生成对应的台阶，如图 6.2.77 所示。

7. 绘制首层散水时，首先点击"修改"选项卡下的"拆分图元"按钮，然后在 4 个阳台的外墙上以阳台围墙外边线为准，点击进行墙体拆分，如图 6.2.78 所示。

8. 转到三维视图，点击"墙"按钮下方的小三角展开下拉菜单，然后选择"墙饰条"功能，接着点击"属性"栏的"编辑类型"按钮打开"类型属性"对话框，复制出新的类型并命名为"散水"，并在下方参数区中修改"轮廓"为"散水：散水"点击确认完成创

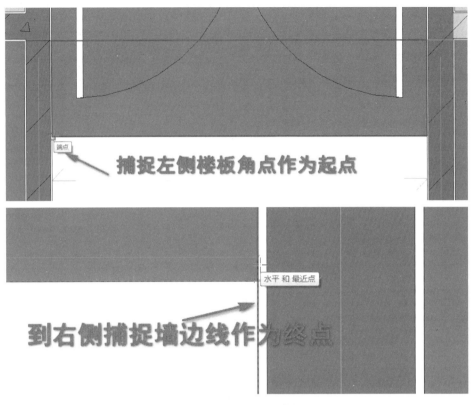

图 6.2.77　绘制台阶梯级

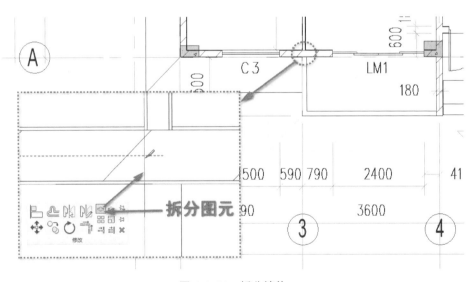

图 6.2.78　拆分墙体

建，如图 6.2.79 所示。

9. 把光标移动到一楼外墙底边，在捕捉到轮廓线后点击鼠标即可添加散水，添加完后点击绘图区空白处即可完成，如图 6.2.80 所示。

图 6.2.79　散水类型的创建

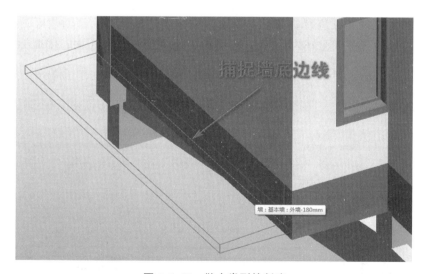

图 6.2.80　散水类型的创建

九、标高及楼层的创建与复制

1. 完成一层的绘制后，接下来创建二层至四层的平面视图。点击"项目浏览器"中的任意一个立面，此处我们以南立面为例，双击南立面，进入南立面视图，如图 6.2.81 所示。

标高及
楼层

2. 在南立面中可以看到有两个标高"1. 一层"及"2. 二层",点击"2. 二层",将其标高数值更改为 3,按确定键即可调整该标高的相对高度,如图 6.2.82 所示。

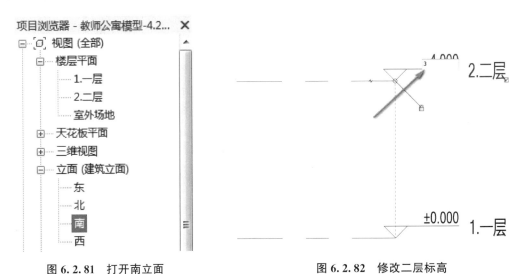

图 6.2.81 打开南立面   图 6.2.82 修改二层标高

3. 完成"2. 二层"的标高编辑后,再次选中"2. 二层"的标高线,将其垂直向上复制,并在复制过程中输入 3000 以控制三层标高的高度。在完成复制后点选新的标高,将其名称修改为"三层",再以同样的方法创建出其余楼层的标高,如图 6.2.83 所示。此时对比新旧标高,发现其颜色有所区别,新绘制的标高是黑色的,已创建好的标高为蓝色的,这主要是因为先前创建好的标高已同步创建出其对应的楼层平面,因此标高符号呈现蓝色,而没有楼层平面的标高则呈现黑色。

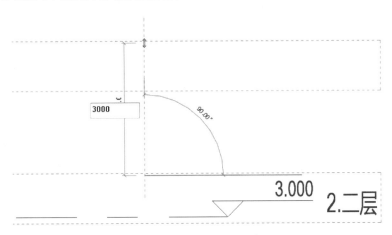

图 6.2.83 复制楼层标高

4. 复制出新的标高后,需要创建其对应的楼层平面以绘制该标高层上的图形,此时选中"视图"选项卡中的"平面视图"按钮,点选其下第一项"楼层平面",如图 6.2.84 所示。

5. 在弹出的"新建楼层平面"对话框中,按住"Ctrl"键连续选中上一步已建好的

"三层"至"天面构架层",并勾选下方的"不复制现有视图",点击"确定"完成楼层平面的创建,如图 6.2.85 所示。

图 6.2.84 创建楼层平面

图 6.2.85 选择创建的楼层

6. 完成标高及楼层平面的创建后,下一步直接将已绘制好的二楼所有图元复制到三楼及四楼,首先双击"项目浏览器"中的"1. 二层",回到一层的视图,从左向右框选整个建筑图元,不要选中轴线,如图 6.2.86 所示。

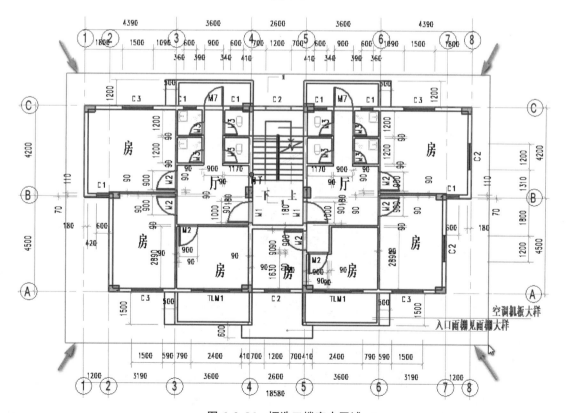

图 6.2.86 框选二楼室内区域

7. 选中整个二楼的图元后，在上方“剪贴板”栏中点击“复制”按钮，如图 6.2.87 所示。

8. 点击邻近的“粘贴”按钮，在其下方弹出的选项中选择“与选定的视图对齐”，如图 6.2.88 所示。

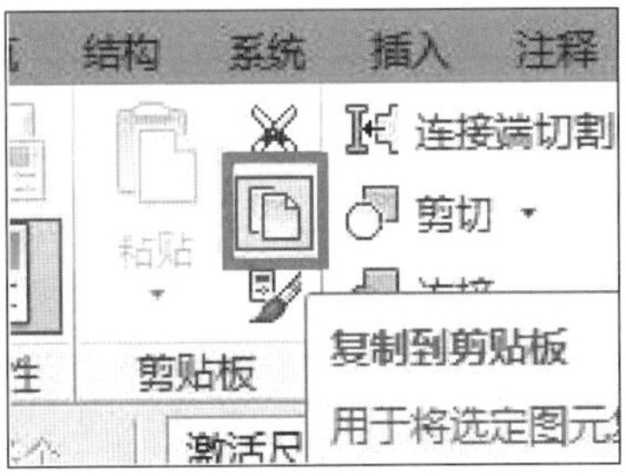

图 6.2.87　复制到剪贴板

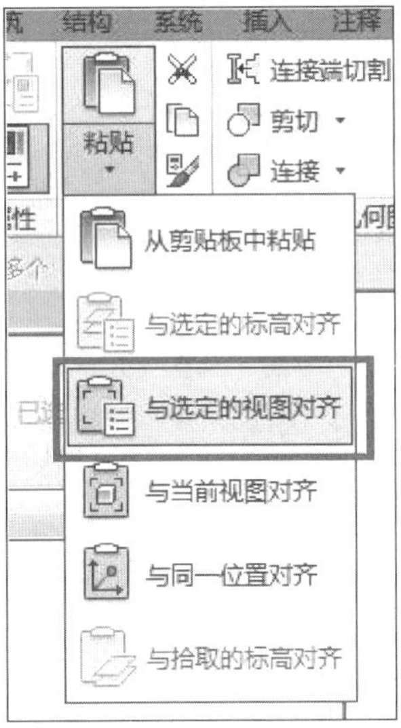

图 6.2.88　粘贴图元到二楼

9. 此时跳出“选择视图”对话框，在其中选择“楼层平面：3. 三层”和“楼层平面：4. 四层”，单击“确定”按钮完成复制，如图 6.2.89 所示。

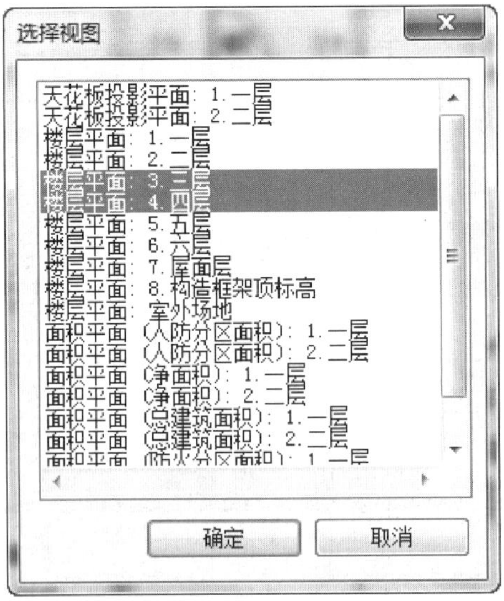

图 6.2.89　选择粘贴的楼层

10. 以同样的方法复制出五楼的图元并进行局部修改调整，然后再以完善后的五楼为基础复制出六楼图元。

十、屋顶的创建与绘制

1. 完成三至六楼的绘制后，可以创建屋顶，双击"项目浏览器"中的"7. 屋面层"，也就是之前创建的其中一个楼层平面，此处的名称会根据各自命名的楼层名称而不同，只需确认自己创建的标高及楼层名称即可，如图 6.2.90 所示。

2. 在"建筑"选项卡中点击"屋顶"按钮，启动屋顶的绘制，如图 6.2.91 所示。

屋顶创建
与绘制

图 6.2.90　打开天面层　　　　　　　图 6.2.91　绘制屋顶

3. 启动屋顶的绘制后，在左侧"属性"框中点击"类型属性"按钮，复制新的屋顶类型为"100 厚"即可，如图 6.2.92 所示。

图 6.2.92　复制屋顶类型

4. 在复制出的新类型中点击"结构"右侧的按钮,进入"编辑部件"对话框,在其中把"结构 [1]"的厚度修改为 100 即可,如图 6.2.93 所示。

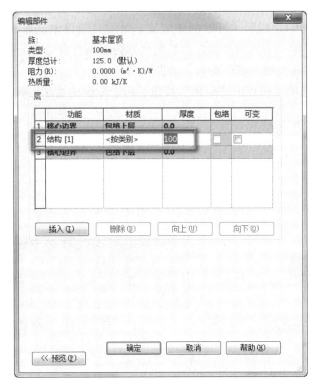

图 6.2.93　编辑屋顶结构厚度

5. 完成屋顶类型的创建后,选择"直线"绘制模式,沿着墙边线绘制出屋顶边界,如图 6.2.94 所示。

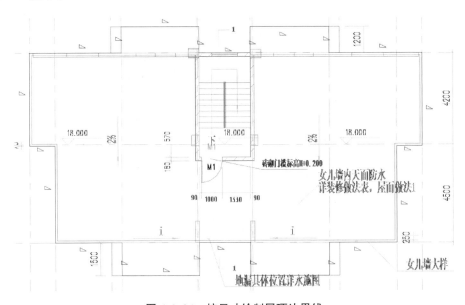

图 6.2.94　按尺寸绘制屋顶边界线

6. 在上方或左侧属性框下取消勾选"定义坡度"或"定义屋顶坡度",其二者相同,选一即可,然后便可点击上方绿色钩完成屋顶绘制,如图 6.2.95 所示。

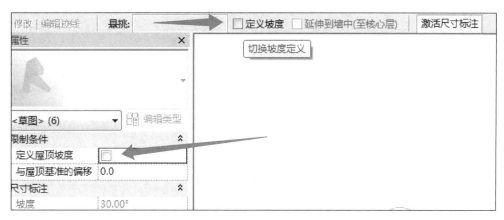

图 6.2.95　取消选择屋顶定义坡度

7. 完成屋顶绘制后,以绘制墙体的方式绘制女儿墙。复制出对应的墙体类型,如图 6.2.96 所示。

图 6.2.96　复制女儿墙类型

8. 在左侧属性框中编辑"顶部约束"为"未连接",再编辑"无连接高度"为 600,如图 6.2.97 所示。

9. 按照绘制墙体的方法,把女儿墙对齐到屋顶的边缘线,如图 6.2.98 所示。

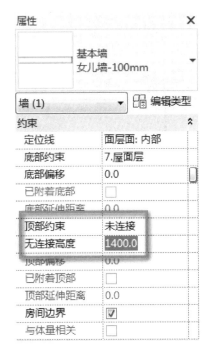

图 6.2.97 设置女儿墙高度

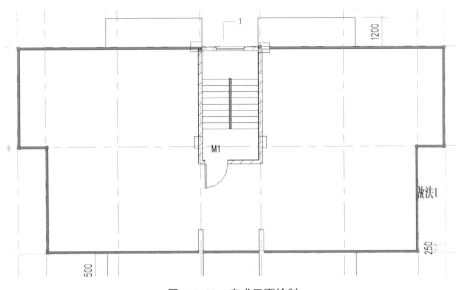

图 6.2.98 完成天面绘制

十一、梁的编辑与绘制

1. 完成基本的建筑轮廓绘制后，开始结构的绘制，在"结构"选项卡中点击"梁"按钮，启动梁的绘制，如图 6.2.99 所示。

2. 复制出梁的新类型为"250×600mm"，同时在下方"类型参数"内修改其对应的

梁的编辑
与绘制

图 6.2.99　绘制梁

"尺寸标注"，b 为 250，h 为 600，如图 6.2.100 所示，其余尺寸的梁依据图纸以同样方法复制创建。

图 6.2.100　复制梁类型并编辑尺寸

3. 绘制梁的时候，为了让绘制更加方便清晰，可先在下方的小按钮"图形显示选项"中选择"线框"模式，如图 6.2.101 所示。

4. 根据图纸沿轴线绘制梁，需注意：在一楼绘制梁时会绘制出基础梁，在绘制一层顶部梁时，需要进入 2F 楼层平面进行绘制，如图 6.2.102 所示。

5. 在绘制基础梁之前，先从右向左框选所有图元，然后点击上方"过滤器"按钮，在弹出的对话框中仅勾选"轴网"，按"确认"后再到下方点击"小眼镜"并选择

图 6.2.101　选择"线框"模式

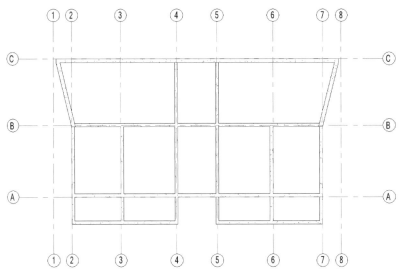

图 6.2.102　绘制并对其梁位置

"隔离图元"，如图 6.2.103 所示。这样可以避免多种图元轮廓线影响绘图精度。

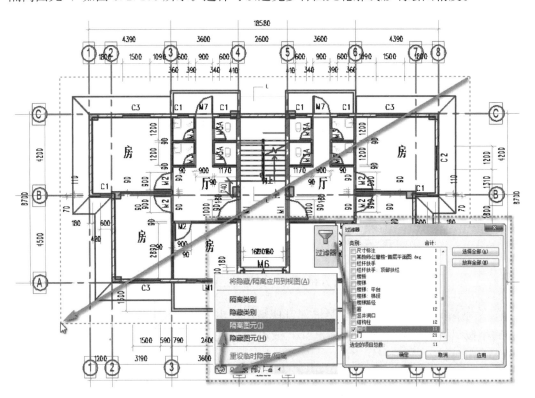

图 6.2.103　绘制梁前隔离轴网

　　6. 按照同样的方法绘制出一楼顶部的梁，并把一楼顶部的梁复制到二至六楼，方法与复制二楼所有建筑图元相似，该操作同样应用到过滤器及楼层图元复制即可完成，如图 6.2.104 所示。

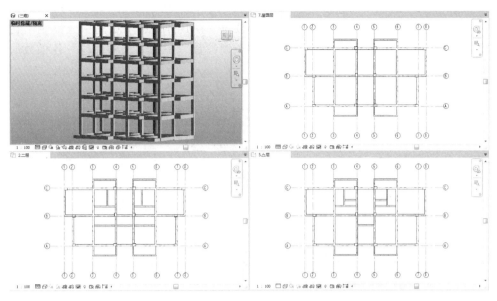

图 6.2.104　复制梁并编辑对应楼层

十二、基础的编辑与绘制

1. 最后绘制基础，先到项目浏览器下打开"族"列表，找到"结构基础"并打开列表，找到"桩-钢管"，然后双击其下的类型"400mm 直径"，在弹出的"类型属性"中复制出新类型并命名为"500mm 直径"，同时按施工图示要求修改其对应的直径参数（Diameter）及深度参数（Depth）后按"确定"完成桩的创建，如图 6.2.105 所示。

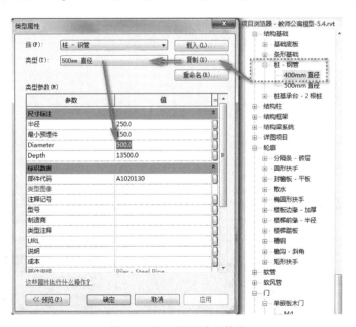

基础编辑
与绘制

图 6.2.105　绘制独立基础

2. 在"结构"选项卡中点击"基础"栏的"独立"基础按钮，启动桩基础的绘制，选中"桩基承台-2 根桩"，点击"编辑类型"按钮，在其弹出的对话框中先复制出新类型为"800×2000×1000mm"，然后对应修改"类型参数"中的"尺寸标注"各项数值，并按"确定"完成编辑，如图 6.2.106 所示。

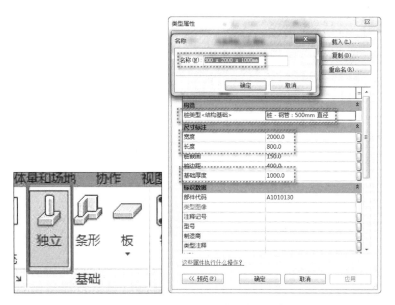

图 6.2.106　编辑独立基础类型属性

3. 编辑好基础的类型属性后，在属性栏下修改"自标高的高度…"为－500，然后开始绘制桩基础。光标会直接控制桩基础图元的中心点进行放置，此时在一楼楼层平面中的轴线交点处点击放置基础，如图 6.2.107 所示。

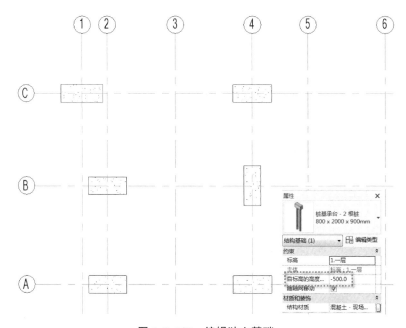

图 6.2.107　编辑独立基础

4. 完成所有桩基础的放置后，通过移动的方式，把基础调整到对应的位置，如图 6.2.108 所示。

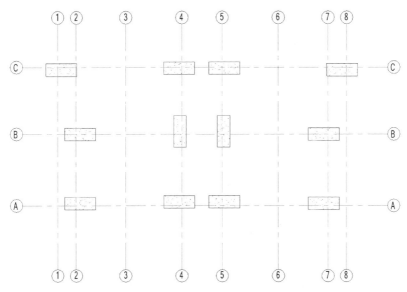

图 6.2.108 完成独立基础的绘制

5. 完成桩基础的绘制后，到三维视图，切换到"真实"模式下观看完整模型，如图 6.2.109 所示。

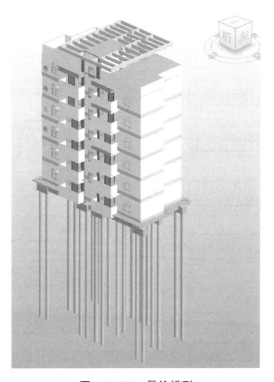

图 6.2.109 最终模型

6. 可切换到"光线追踪"模式下观看完整模型真实效果，如图 6.2.110 所示。

图 6.2.110　光线追踪下的模型效果

任务小结

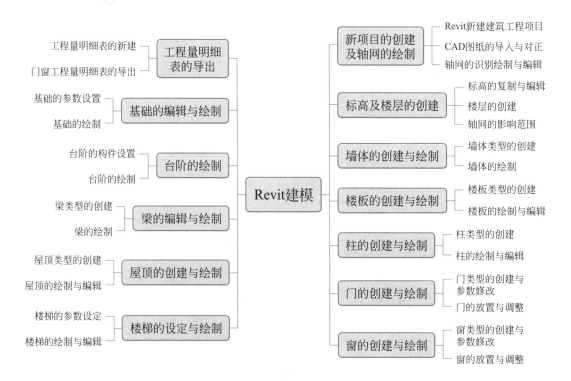

模块 7

Chapter 07

招标控制价编制

 导学

　　招标控制价是指招标人根据国家或省级、行业建设主管部门颁发的有关计价依据和办法，以及拟定的招标文件和招标工程量清单，结合工程具体情况编制的招标工程的最高投标限价。国有资金投资的工程建设项目应实行工程量清单招标，并应编制招标控制价。本模块主要介绍招标控制价编制的相关知识。

任务 1 招标控制价编制要求 工作页

学习任务 1	招标控制价编制要求	建议学时	2
学习目标	1. 了解工程概况及招标范围； 2. 熟悉招标控制价的编制依据； 3. 熟悉招标控制价的编制要求； 4. 增强团队协作能力和沟通技巧		
任务描述	本任务是熟悉招标控制价的编制依据和要求,包括《建设工程工程量清单计价规范》GB 50500—2013 的有关规定和表格,《教师公寓楼》工程设计图纸和相关标准、规范、技术资料,《广东省房屋建筑与装饰工程综合定额(2018)》,广州市 2021 年 3 月信息价以及配套解释和相关文件等		
学习过程	引导性问题 1:查阅《教师公寓楼》图纸,仔细阅读设计说明中的工程概况。 　　本工程为_____类建筑,设计使用年限为_____年,抗震设防烈度为_____度,结构抗震等级为_____级,结构类型为_____,总建筑面积为_____m²,建筑层数为地上_____层,檐口距地高度为_____m。 引导性问题 2:招标控制价是招标工程的最高投标限价,费用主要包括_____费、_____费、_____费、_____费和税金等。 引导性问题 3:措施项目费、其他项目费如何确定? 引导性问题 4:广东省税金收取标准如何? 引导性问题 5:根据《建设工程工程量清单计价规范》GB 50500—2013 的有关规定,招标控制价有哪些表格?		
知识点归纳	见任务小结思维导图		
课后要求	1. 复习"任务 1 招标控制价编制要求"的相关内容; 2. 预习"任务 2 招标控制价编制实例"		

任务 1　招标控制价编制要求

情境导入

　　本案例为教师公寓楼,依据《建设工程工程量清单计价规范》GB 50500—2013、《广东省房屋建筑与装饰工程综合定额(2018)》、广州市 2021 年 3 月信息价以及配套解释和相关文件,结合工程设计图纸及相关资料和施工现场情况、工程特点及合理的施工方法,以及建设工程项目的相关标准、规范、技术资料编制招标控制价。

一、工程概况及招标范围

　　1. 工程概况:本建筑物用地概貌属于平缓场地,为二类住宅结构,合理使用年限为 50 年,抗震设防烈度为 7 度,三级抗震设防烈度,结构类型为框架结构体系,基础类型为桩基础,总建筑面积为 1013.97m²,建筑层数为地上 6 层,檐口高度为 18.3m。

　　2. 工程地点:广州市区。

　　3. 招标范围:第一标段结构施工图及第二标段建筑施工图的全部内容,工期为 90 天。

　　4. 合同约定开工日期为 2021 年 3 月。

　　5. 建筑类型:公寓楼。

二、招标控制价编制依据

　　编制依据:该工程的招标控制价依据《建设工程工程量清单计价规范》GB 50500—2013、《广东省房屋建筑与装饰工程计价定额(2018)》、广州市 2021 年 3 月信息价以及配套解释和相关文件,结合工程设计及相关资料施工现场情况、工程特点及合理的施工方法,以及建设工程项目的相关标准、规范、技术资料编制。

三、造价编制要求

　　1. 价格约定

　　(1) 材料价格按广州市 2021 年 3 月信息价及市场价计取。

　　(2) 综合人工按《广东省房屋建筑与装饰工程综合定额(2018)》中全费用人工薪酬标准,并以广州市发布的动态人工调整系数。

　　(3) 根据"粤建标函〔2019〕819 号"文件要求,广东地区计税方式按一般计税法,纳税地区为市区,增值税费率标准取税率为 9%。

　　(4) 绿色施工安全防护措施费(原安全文明施工费),按《广东省房屋建筑与装饰工程综合定额（2018）》以分部分项的人工费与施工机具费的 19% 计算。

（5）暂列金额按《广东省房屋建筑与装饰工程综合定额（2018）》以分部分项工程费的 10% 记取。

（6）预算包干费按《广东省房屋建筑与装饰工程综合定额（2018）》以分部分项的人工费与施工机具费之和的 7% 计算。

（7）不考虑总承包服务费及施工配合费。

2. 其他要求

（1）原始地貌暂按室外地坪考虑，基础形式为预制管桩，采用桩基，承台面标高 -0.5m，开挖设计底标高按垫层底标高，工作面宽度按 300mm 计算，放坡系数按 0.5 计算，采用人工挖土，土方外运距离 10km。

（2）所有混凝土均采用商品混凝土计算。

（3）本工程大型机械进出场费用按塔式起重机 1 台、挖机 1 台计算。

（4）本工程设计的砂浆都为非现拌砂浆，按商品砂浆计算。

（5）门窗均为甲供料，只考虑安装费用。

3. 招标控制价表格

本工程招标控制价表格参见《建设工程工程量清单计价规范》GB 50500—2013，主要包括以下表格（具体内容可以在软件报表中查看）：

（1）招标控制价封面：封-2。

（2）招标控制价扉页：扉-2。

（3）总说明：表-01。

（4）单项工程招标控制价汇总表：表-03。

（5）单位工程招标控制价汇总表：表-04。

（6）分部分项工程和单价措施项目清单与计价表：表-08。

（7）综合单价分析表：表-09。

（8）总价措施项目清单与计价表：表-11。

（9）其他项目清单与计价汇总表：表-12。

（10）规费、税金项目清单与计价表：表-13。

任务小结

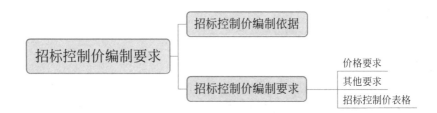

任务 2　招标控制价编制实例　工作页

学习任务 2	招标控制价编制实例	建议学时	20
学习目标	1. 了解招标控制价的编制过程； 2. 运用广联达计价软件编制招标控制价； 3. 熟悉招标控制价相关表格； 4. 树立正确的编制招标控制价的工作意识		
任务描述	本任务是运用广联达计价软件编制《教师公寓楼》招标控制价并熟悉招标控制价相关表格，包括新建招投标项目、导入土建算量工程文件、添加及补充清单项、项目特征描述、清单工程量输入、计价换算、措施项目清单、其他项目清单、调整人材机、费用汇总、报表生成等		
学习过程	引导性问题1：计价软件中，工程量清单的添加方法主要有：_____、_____和_____。 引导性问题2：计价软件中，项目特征描述的方法主要有：_____、_____和_____。 引导性问题3：计价软件中，清单工程量输入的方法主要有：_____、_____、_____和_____。 引导性问题4：计价软件中，根据清单描述进行子目换算时，主要包括如下几个方面：_____、_____和_____。 引导性问题5：计价软件中，分部分项工程如何换算混凝土、砂浆？ 引导性问题6：绿色施工安全防护措施费与其他措施费有什么不同？		
知识点归纳	见任务小结思维导图		
课后要求	1. 复习"任务2　招标控制价编制实例"的相关内容； 2. 预习"任务3　造价指标分析"		

任务 2 招标控制价编制实例

> **情境导入**
>
> 　　本案例为教师公寓楼，依据《建设工程工程量清单计价规范》GB 50500—2013、《广东省房屋建筑与装饰工程计价定额（2018）》、广州市 2021 年 3 月信息价以及配套解释和相关文件，结合工程设计及相关资料施工现场情况、工程特点及合理的施工方法，以及建设工程项目的相关标准、规范、技术资料，采用广联达云计价平台 GCCP6.0 软件进行编制招标控制价。

一、新建招标投标项目

　　1. 点击广联达云计价平台 GCCP6.0 图标 ，在"新建预算"下点击"新建招投标项目"。

　　2. 在项目名称中输入："教师公寓工程"，项目编码"001"，地区标准选择"广东 13 清单规范"，定额标准选择"广东省 2018 序列定额"，价格文件选择"广州信息价（2021 年 03 月）"，计税方式"增值税（一般计税方式）"，点击"立即新建"，可以一键直达主页面，输入项目信息并新建单位工程。如图 7.2.1 所示。

新建项目

图 7.2.1　新建招标项目

二、新建单位工程

新建单位工程有两种方式：

1. 进入软件界面后，通过点击"单位工程"，选择"建筑工程"，输入相关信息，建立单位工程。如图 7.2.2 所示。

图 7.2.2　新建单位工程

2. 通过"快速新建单位工程"功能新建单位工程。如图 7.2.3 所示。

图 7.2.3　快速新建单位工程

三、导入土建算量工程文件

软件中支持 Excel 文件、单位工程、算量文件的导入，我们这里介绍的是将 GTJ 文件做好的模型文件导入 GCCP 中，这样可以进行快速体量、智能提量等高效的工作。以下按"导入算量文件"的方式进行操作讲解。

1. 导入算量文件

导入算量
文件

进入单位工程编辑界面，单击"量价一体化"，选择"导入算量文件"，选择"教师公寓楼"工程文件，点击"打开"。弹出"选择导入算量区域"对话框，根据需要选择建模工程文件，此处可选择"全部""地上工程"或"地下工程"如图 7.2.4 及图 7.2.5 所示。

图 7.2.4　选择"导入算量文件"　　　　图 7.2.5　选择"导入算量区域"

注意：导出的算量文件必须已经汇总计算并且保存关闭后才可导入，否则工程量会存在计算不完全的问题。

2. 在"算量工程文件导入"选项中查看准备导入的清单项目与措施项目内容，并进行初步检查，如有不需要导入的内容，可以通过取消选项调整，检查完毕后点击"导入"。如图 7.2.6 所示。

如发生漏项，或者工程量为"0"，则须回到建模中查看是否忘记添加清单定额，同时检查工程量表达式是否完整无误，修正后再重新导入。

3. 提取图形工程量

导入成功后，弹出"提取图形工程量"对话框，检查清单项目与措施项目内容是否对应，无误后单击"应用"按钮，完成算量文件的导入，如图 7.2.7 所示。

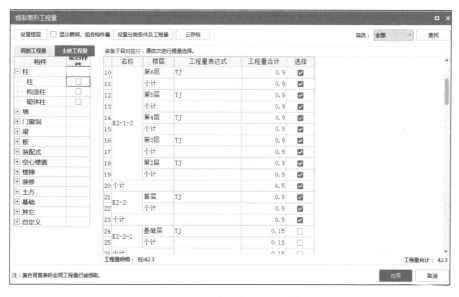

图 7.2.6　算量工程文件导入

图 7.2.7　提取图形工程量

四、检查与整理清单项

根据工程实际，对导入的分部分项清单项目进行整理，在土建算量软件中，容易发生清单定额套用错误、多套漏套或者工程量不一致的问题，整理过后还需要进行检查。

1. 整理清单

在分部分项界面，单击"整理清单"，选择"分部整理"，选择按专业、章、节整理后，单击"确定"，如图 7.2.8 所示。

图 7.2.8　整理清单

整理完的清单会根据清单编码的顺序按章节归类，只需要点开对应的分部工程就可以看到这部分清单是否有错漏。如图 7.2.9 所示。

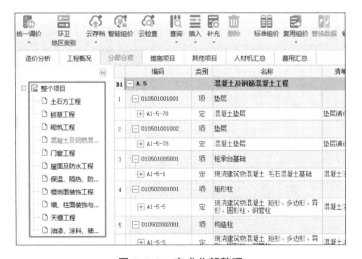

图 7.2.9　完成分部整理

2. 指定专业章节位置

对于分部整理完成后出现的"补充分部"清单项，可以调整专业章节位置至应该归类的地方，操作如下：

（1）右键单击清单项编辑界面，选择"页面显示列设置"，在弹出的对话框中选择"指定专业章节位置"。如图 7.2.10 所示。

图 7.2.10 页面显示列设置

（2）单击清单项的"指定专业章节位置"，弹出"指定专业章节"对话框，选择相应的分部，调整完后再进行分部整理。如图 7.2.11 所示。

图 7.2.11 指定专业章节位置

3. 清单排序

实际工程中在进行编制时经常会进行添加或删除，出现清单编码不连续的情况，这种不符合清单编制要求，软件中提供了快捷的方法，在"清单整理界"选项下，打开"清单排序"，如图 7.2.12 所示。

图 7.2.12　清单排序

五、添加及补充清单项

广联达云计价 GCCP6.0 中，清单项目的添加方法有插入添加、查询添加以及直接输入添加等。

1. 插入添加

单击右键或者点击菜单栏，选择"插入清单"和"插入子目"，输入清单编码，定额子目，如图 7.2.13 所示。

编辑清单

图 7.2.13　插入清单、定额

2. 查询添加

双击清单行，弹出"查询"对话框，按需要选择清单指引、清单、定额、人材机等项目，如图 7.2.14 所示。

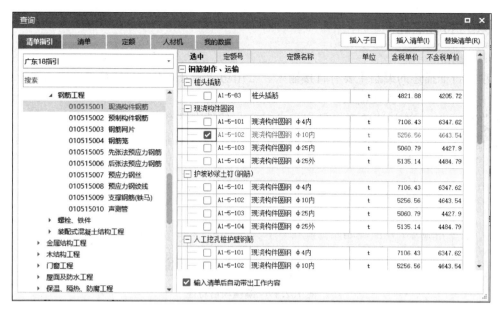

图 7.2.14　查询对话框

3. 直接输入添加

由于导入的 GTJ 算量软件中没有钢筋部分的清单项，因此我们需要手动添加这部分的清单、定额再提取工程量。在分部分项工程中插入现浇构件钢筋的清单和定额，输入对应的清单编码及定额编号，即可显示对应的内容，操作完成后该部分的清单和定额就添加好了。如图 7.2.15 及图 7.2.16 所示。

	编码	类别	名称	清单工作内容	项目特征	锁定综合单价	单位
B2	☐ A.5.15		钢筋工程			☐	
1	☐ 010515001001	项	现浇构件钢筋		圆钢制安 现浇构件圆钢 Φ10以内	☐	t
	└ A1-5-102	定	现浇构件圆钢 Φ10内	钢筋制作、运输			t
2	☐ 010515001005	项	现浇构件钢筋			☐	t
	1-5-105 …	定		钢筋制作、运输			
		定		其他			

图 7.2.15　添加钢筋工程清单

☐ A.5.15	部	钢筋工程		☐			
☐ 010515…	项	现浇构件钢筋	圆钢制安 现浇构件圆钢 Φ10以内	☐	t	6.273	
└ A1-5…	定	现浇构件圆钢 Φ10内			t	6.273	4643.54
☐ 01051500 1002	项	现浇构件钢筋	热轧带肋钢筋制安 现浇构件带肋钢筋 二级 Φ10以内	☐	t	3.407	
└ A1-5…	定	现浇构件带肋钢筋 Φ10以内			t	3.407	4738.01
☐ 01051500 1003	项	现浇构件钢筋	热轧带肋钢筋制安 现浇构件带肋钢筋 二级 Φ25以内	☐	t	25.834	
└ A1-5…	定	现浇构件带肋钢筋 Φ25以内			t	25.834	4403.23
☐ 01051500 1004	项	现浇构件钢筋	箍筋制安 现浇构件箍筋 圆钢 Φ10以内	☐	t	8.518	
└ A1-5…	定	现浇构件箍筋 圆钢 Φ10以内			t	8.518	5371.17

图 7.2.16　钢筋工程清单、定额

六、项目特征描述

项目特征描述的编制主要有直接输入、常用功能输入以及项目特征方案输入等。

项目特征描述

1. 直接输入

选择清单项，在 BIM 土建算量软件中已经包含了项目特征描述的，导入后可以直接在"特征及内容"列的编辑框内进行添加或修改来完善项目特征，如图 7.2.17 所示。

图 7.2.17 编辑项目特征

2. 常用功能输入

选择清单项，在下方常用功能处"特征及内容"界面下选择或者输入特征值，输入完成后项目特征列自动显示已经完成的内容，如图 7.2.18 所示。

图 7.2.18 输入项目特征

3. 项目特征方案输入

单击"清单项目特征"列后的选择项，在弹出的"项目特征方案"对话框直接修改或添加，软件还提供了个人历史数据的选择，如图 7.2.19 所示。

图 7.2.19 修改项目特征

七、清单工程量输入

清单工程量的输入方式有：直接输入、提取工程量、工程量明细以及图元公式等。

清单工程量输入

1. 直接输入

如钢筋工程量，可以在算量文件中钢筋报表里找到对应的工程量，在清单行的工程量中直接输入数值，如图 7.2.20 所示。

A.5.15		钢筋工程		☐			6.273
010515001···	项	现浇构件钢筋	圆钢制安 现浇构件圆钢 Φ10以内	☐	t		
A1-5-102	定	现浇构件圆钢 Φ10内			t		6.273
0105150010002	项	现浇构件钢筋	热轧带肋钢筋制安 现浇构件带肋钢筋二级 Φ10以内	☐	t		3.407

🖶 打印预览　　搜索报表 🔍

	定额号	定额项目	单位	钢筋量
1	A1-5-82	桩钢筋笼制作安装	t	
2	A1-5-101	圆钢制安 现浇构件圆钢 Φ4以内	t	
3	A1-5-102	圆钢制安 现浇构件圆钢 Φ10以内	t	6.273
4	A1-5-103	圆钢制安 现浇构件圆钢 Φ25以内	t	
5	A1-5-104	圆钢制安 现浇构件圆钢 Φ25以外	t	
6	A1-5-105	热轧带肋钢筋制安 现浇构件带肋钢筋 二级 Φ10以内	t	3.407
7	A1-5-105-1	热轧带肋钢筋制安 现浇构件带肋钢筋 三级 Φ10以内	t	
8	A1-5-106	热轧带肋钢筋制安 现浇构件带肋钢筋 二级 Φ25以内	t	25.834
9	A1-5-106-1	热轧带肋钢筋制安 现浇构件带肋钢筋 三级 Φ25以内	t	

图 7.2.20　工程量直接输入

2. 提取工程量

点击"量价一体化"，选择"提取图形工程量"，弹出对话框，选择"钢筋工程量"，勾选相应项目，点击"应用"，如图 7.2.21 所示。

| 0105150··· | 项 | 现浇构件钢筋 | | | ☐ | t | | 25.447 | | |
| A1-5-··· | 定 | 现浇构件带肋钢筋 Φ25以内 | 钢筋制作、运输 | | | t | | 25.447 | 5280.05 | 13436 |

提取图形工程量　　　　　　　　　　　　　　　　　　□ ✕

设置楼层　☐ 显示房间、组合构件量　设置分类条件及工程量　云存档　　　　　　筛选：全部 ▾　查找

钢筋工程量　　土建工程量

钢筋定额表
接头定额表

	定额号	定额项目	单位	钢筋量	选择
1	5-295	现浇构件圆钢直径为8	t	4.877	☐
2	5-296	现浇构件圆钢直径为10	t	0.412	☐
3	5-307	现浇构件螺纹钢直径为10	t	0.392	☑
4	5-308	现浇构件螺纹钢直径为12	t	4.186	☑
5	5-309	现浇构件螺纹钢直径为14	t	1.252	☑
6	5-310	现浇构件螺纹钢直径为16	t	2.689	☑
7	5-311	现浇构件螺纹钢直径为18	t	2.838	☑
8	5-312	现浇构件螺纹钢直径为20	t	4.123	☑
9	5-313	现浇构件螺纹钢直径为22	t	1.828	☑
10	5-314	现浇构件螺纹钢直径为25	t	8.139	☑
11	5-355	箍筋直径为6	t	0.215	☐
12	5-356	箍筋直径为8	t	5.312	☐
13	5-357	箍筋直径为10	t	3.631	☐
14	软件补-01	直径6以内(不含箍筋及预制构件直径为6)	t	0.453	☐
15	软件补-05	螺纹钢直径为8	t	1.598	☐

工程量明细：　钢筋定额表:25.447　　　　　　　　　　　　　工程量合计：25.447

更新工程量后，如算量工程中钢筋报表类型改变，请重新选择对应钢筋量。
注：黄色背景表明此项工程量已被提取。

应用　　取消

图 7.2.21　提取工程量

3. 工程量明细

工程中为方便后期结算对量，例如里脚手架，按建筑面积计算，在工程量明细选项中，输入不同的楼层的工程量，输入完后工程量表达式显示为"GCLMXHE"（工程量明细合计），下方"QDL"则为清单工程量，一般定额工程量默认为清单工程量相同，不同的时候才需要手动修改。如图 7.2.22 所示。

42	─ 粤011701011···		里脚手架			m2	1. 支模高度3m
	─ A1-21-31 ···	定	里脚手架(钢管) 民用建筑 基本层3.6m			100m2	

	工料机显示	单价构成	标准换算	换算信息	特征及内容	**工程量明细**	反查图形

	内容说明	计算式	结果	累加标识	引用代码
0	计算结果		1013.9694		
1	首层	159.3459	159.3459	☑	
2	二层	168.1725	168.1725	☑	
3	三层	168.1725	168.1725	☑	
4	四层	168.1725	168.1725	☑	
5	五层	168.1725	168.1725	☑	
6	六层	168.1725	168.1725	☑	
7	梯屋	13.761	13.761	☑	

图 7.2.22　工程量明细

4. 图元公式

在工具栏中找到"图元公式"，选择需要的公式类型，根据图纸输入参数，点击"生成表达式"，在表达式中看到数据后，点击"确定"按钮，如图 7.2.23 所示。此功能适用于计算土方量及桩承台等特殊构件。

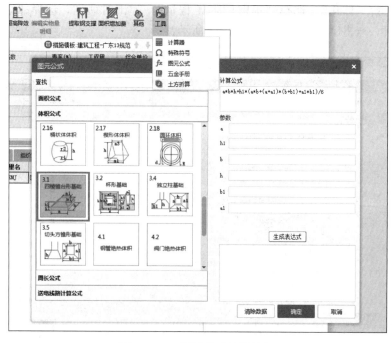

图 7.2.23　图元公式计算输入

八、计价换算

计价换算包括插入或替换子目、子目换算(含调整人材机系数、标准换算、未计价材料添加、材料替换)以及修改材料名称等。

1. 插入或替换子目

根据清单项目特征描述校核套用定额的一致性,如果套用子目不合适,可以单击"查询",选择正确子目"插入"或"替换",如图 7.2.24 所示。

插入替换子目

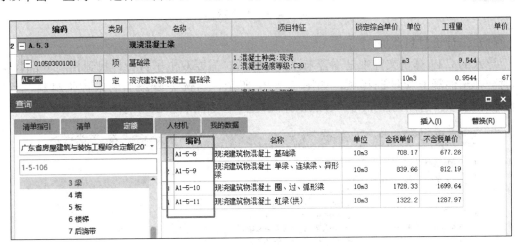

图 7.2.24 插入或替换子目

2. 子目换算

根据清单描述进行子目换算时,主要包括以下几个方面的换算:

人材机换算

(1)调整人材机系数

以土方为例:土方定额是按干土编制的,如挖桩间土方时,人工挖土按相应定额子目人工消耗量乘以系数,调整后的消耗量显示为红色。如图 7.2.25 所示。

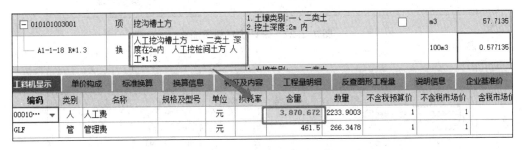

图 7.2.25 调整人材机系数

(2)标准换算

换算运距、混凝土、砂浆等级强度时,可采用标准换算。方法如下:选中余方弃置清单下的 A1-1-53 子目,在常用功能区点击"标准换算",在右下角属性窗口的标准换算界面输入实际运距为 10km,则软件会把子目换算为运距为 10km。如图 7.2.26 所示。

图 7.2.26 标准换算

（3）未计价材料添加

导入的 GTJ 算量文件中是不含未计价材料的，需要双击子目行，找到相同子目替换，同时会弹出混凝土含量选择项，如图 7.2.27 所示，勾选需要添加的未计价材料，点击"确定"。本项目选用的全部为"普通预拌混凝土"，如图 7.2.28 所示。

图 7.2.27 未计价材料添加

图 7.2.28 未计价材料合并入工料机显示

（4）材料替换

当定额中的材料与实际不符时，需要进行替换，在工料机显示中，选择需要替换的材料，单击右键，点击"查询人材机库"，弹出人材机查询界面，选择需要替换的材料名称，点击"替换"，或是在工料机显示的"名称"栏，单击"…"键，在弹出的查询界面进行材料替换，如图 7.2.29 所示。

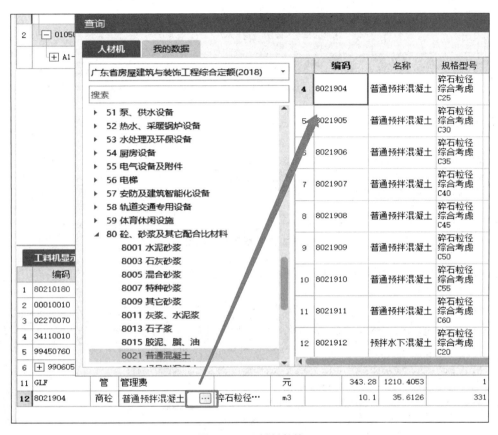

图 7.2.29 材料替换

3. 修改材料名称

当项目特征与子目材料对应的人材机不符时，需要对材料名称进行修改。下面以防滑地面为例，介绍如何修改材料名称：选择需要修改的定额子目，在"工料机显示"界面下，将材料名称修改为"防滑地砖"，在"规格及型号"内备注上规格，如图 7.2.30 所示。

九、措施项目清单

措施项目中包含施工技术措施费及组织措施费，编制时按相应取费进行计取，明确措施项目中按计量与计项两种措施费的计算方法，并进行调整。

1. 编制计量措施项目

脚手架、模板工程、垂直运输都是按计量的方式计取的，在相应的项目内进行编制，

	编码	类别	名称	项目特征	锁定综合单价
3	011102003003	项	块料楼地面	1.找平层材料种类：1:2水泥砂浆找平 2.结合层厚度、砂浆配合比：20mm厚 1:4硬性水泥砂浆 3.面层材料品种、规格：防滑地砖 300mm×300mm 4.嵌缝材料种类：白水泥浆	☐
	A1-12-2	定	楼地面水泥砂浆找平层 填充层上 20mm		
	A1-12-72 ···	定	楼地面陶瓷地砖(每块周长mm)1300以内 水泥砂浆		

	工料机显示	单价构成	标准换算	换算信息	特征及内容	工程量明细	反查图形工程量	
	编码	类别	名称	规格及型号	单位	损耗率	含量	数量	不含税预算价	不含
1	80010630	主	预拌水泥砂浆	1:2	m3	0	2.02	4.486	0	
2	00010010	人	人工费		元		2,881…	6398.6804	1	
3	04010015	材	复合普通硅酸盐水泥	P.C 32.5	t		0.06	0.1332	319.11	
4	04010045	材	白色硅酸盐水泥	32.5	t		0.01	0.0222	564.84	
5	07050010@1	材	防滑地砖	300*300	m2		102.5	227.6296	43.17	
6	34090010	材	白棉纱		kg		1.5	3.3312	11.47	
7	34110010	材	水		m3		2.697	5.9894	4.58	

图 7.2.30 修改材料名称

如图 7.2.31 所示。如果是导入土建算量文件的，此部分可以省略。

编码	类别	名称	单位	项目特征	组价方式	计算基数	费率(%)	工程量
		措施项目						
1		绿色施工安全防护措施费						
1.1		综合脚手架	项		清单组价			1
粤011170100…		综合钢脚手架	m2	1.搭设高度:18.3m	可计量清单			1336.533
A1-21-3	定	综合钢脚手架搭拆 高度(m以内) 20.5	100m2					13.36533
1.2		靠脚手架安全挡板	项		清单组价			1
粤011170101…		靠脚手架安全板	m2	1.搭设部位:4层	可计量清单			145.38
A1-21-36	定	靠脚手架安全挡板(钢管)高度(m以内) 21.5	100m2					1.4538

图 7.2.31 编制计量措施项目

提取钢支撑

2. 自动生成措施项目

软件中提供了一些自动生成的便捷操作，如超高降效、提取钢支撑等。此处以提取钢支撑为例，选择模板工程行，点击"提取钢支撑"弹出"提示"钢支撑已经提取成功，点击"确定"，如图 7.2.32 所示。

操作完成后，软件根据模板工程中所含钢支撑含量进提取，自动计算到相应的清单项目中，如图 7.2.33 所示。

3. 以费率计算的措施费

根据广州地区的相关计费文件，计取相应费率，如绿色施工安全防护措施费等，还可在备注信息中添加该费用的计算基础。计算方式如图 7.2.34 所示。

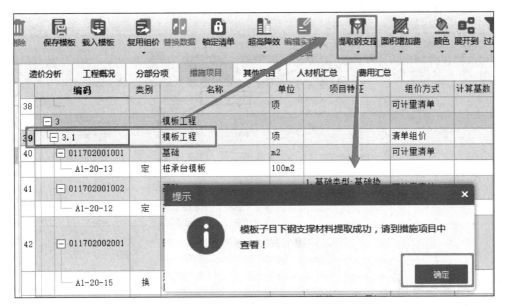

图 7.2.32　自动提取钢支撑

编码	类别	名称	单位	项目特征	组价方式	计算基数	费率(%)	工程量	综合单价
⊟ MBZC001		模板的支架	t		可计量清单			2.0475696	6380
GZC-001	补	钢支撑	kg					2047.5696	6.38

图 7.2.33　自动生成钢支撑清单项目

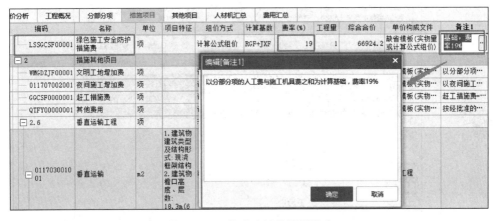

图 7.2.34　按费率计算的措施费

十、其他项目清单

其他项目包含如图 7.2.35 所示内容，根据招标文件所述，本工程暂列金额为分部分项工程费的 10%。点击暂列金额，在名称列输入"暂列金额"，在计算基数中下拉选择"分部分项"，双击鼠标左键选择费用代码"FBFXHJ"，

其他
项目费

如图 7.2.35 所示。

图 7.2.35　暂列金额

十一、调整人材机

人材机的调整包括修改材料价格、甲供料设置以及替换或删除人材机等。

1. 修改材料价格

（1）自动关联广材助手修改材料的市场价。在"人材机汇总"界面，自动关联广材助手，根据招标文件要求，在信息价文件中查取 2021 年 3 月信息价，如图 7.2.36 所示。

调整价差

图 7.2.36　查找信息价

（2）批量载价修改材料的市场价。点击"载价"下拉菜单的"批量载价"，选择地区和价格期数后点击"下一步"可以预览批量载价，如需调整可以在这里进行选择，提供含税价和不含税价对比。载入完成后，人材机汇总，材料价格为红色的为价格比预算价有所提升，绿色则为降价，如图 7.2.37 及图 7.2.38 所示。

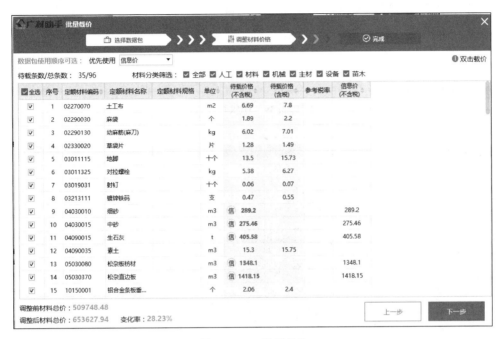

图 7.2.37　批量载价

图 7.2.38　人材机汇总

2. 甲供料设置

如招标文件中说明有甲供料的，则需要设置甲供材料，方法如下：

（1）逐条设置：选中材料，如钢筋，单击供货方式单元格，供货方式选择甲供材料，如图 7.2.39 所示。

（2）批量设置：选中材料，点击其他中的"批量修改"，点击"设置项"下拉选项，选择为"供货方式"，点击"设置值"下拉选项，选择为"甲供材料"，如图 7.2.40 所示。

注：按住"Shift"键可以连续选材料，按住"Ctrl"键可选不连续的材料。

类别	名称	规格型号	单位	数量	不含税预算价	不含税市场价	含税市场价	税率	不含税市场价合计	含税市场价合计	价差	价差合计	供货方式
材	膨胀螺栓	M5×50	十套	17.6577	1.3	1.3	1.51	16.52	22.96	26.66	0	0	自行采购
材	半圆头螺栓	M6×30~40	十套	0.9323	1.2	1.2	1.4	16.52	1.12	1.31	0	0	自行采购
材	膨胀螺栓	M6×80	十套	124.…	2.65	2.65	3.09	16.52	328.78	383.37	0	0	自行采购
主	预拌水泥石灰砂浆	M7.5	m3	4.1108	0	0	0	16.52	0	0	0	0	自行采购
材	复合普通硅酸盐水泥	P.C 32.5	t	4.6646	319.11	319.11	371.83	16.52	1488.52	1734.44	0	0	自行采购
材	聚苯乙烯泡沫板	δ50	m2	151.4998	15.38	26.06	30.365	16.52	3948.08	4600.29	10.68	1618.02	自行采购 ▼
材	镀锌低碳钢丝	φ0.7~1.2	kg	211.7347	5.38	5.85	6.816	16.52	1238.65	1443.18	0.47	99.52	自行采购 甲供材料 甲定乙供
材	热轧圆盘条	φ10以内	t	6.3991	3560.45	3560.45	4148.64	16.52	22783.68	26547.56	0	0	
材	螺纹钢筋	φ10以内		3.4751	3738.53	4654.5	5423.42	16.52	16174.85	18846.04	915.97	3183.09	自行采购

图 7.2.39　甲供料设置

图 7.2.40　批量修改

用以上方式设置完供货方式，点击导航栏"发包人供应材料和设备"，选择"甲供材料表"，查看设置结果，如图7.2.41所示。

图 7.2.41　甲供材料表

3. 替换或删除人材机

点击"其他"下拉菜单，选择"批量换算"，可替换或删除人材机。如图 7.2.42 所示。

图 7.2.42　批量换算

十二、费用汇总

1. 计取税金

在费用汇总界面费率中输入数值，如图 7.2.43 所示。

	3.10	_QTFY	其他费用	QTFY	其他费用			0.00	
	4	_SQGCZJ	税前工程造价	_FHJ+_CHJ+_QTXM	分部分项合计+措施合计+其他项目			1,347,664.74	
	5	_SJ	增值税销项税额	_FHJ+_CHJ+_QTXM	分部分项合计+措施合计+其他项目	▼		121,289.83	税金
	6	_ZZJ	总造价	_FHJ+_CHJ+_QTXM+_SJ	分部分项合计+措施合计+其他项目+增值税销项税额			1,468,954.57	工程造价

图 7.2.43　输入费率

2. 查看费用构成

（1）在费用汇总界面查看全部工程费用构成，如图 7.2.44 所示。

（2）也可以至调价界面，选择"费用查看"，如图 7.4.45 所示。

图 7.2.44　费用汇总

图 7.2.45　费用查看

十三、项目自检

项目自检

在"编制"界面选择"项目自检"可以检查编制好的招标书是否有问题，并且可以双击定位检查修改，如图 7.2.46 所示。

图 7.4.46　项目自检

十四、报表生成

进入"报表"界面，选择"招标控制价"单击需要导出的报表，如需调整格式则选择"报表设计"。如图 7.2.47 所示。

报表生成

图 7.2.47　报表生成

任务小结

任务 3　造价指标分析　工作页

学习任务 3	造价指标分析	建议学时	2
学习目标	1. 了解造价指标分析方法； 2. 运用广联达指标助手进行造价指标分析； 3. 熟悉造价指标分析相关表格； 4. 具有造价指标分析的思维和规范意识		
任务描述	本任务是运用广联达指标神器进行指标分析并熟悉指标分析相关表格，包括安装软件、分析工程、导出表格等。指标分析表包含工程概况、工程特征、分部分项工程造价指标、措施项目造价指标、其他项目造价指标、消耗量分析等		
学习过程	引导性问题 1：建筑工程常用的造价指标分析方法有＿＿＿＿＿＿、＿＿＿＿＿＿、＿＿＿＿＿＿和＿＿＿＿＿＿等。 引导性问题 2：造价指标分析表按费用指标分类，可分为＿＿＿＿＿＿造价指标、＿＿＿＿＿＿造价指标、＿＿＿＿＿＿造价指标和＿＿＿＿＿＿造价指标等。 引导性问题 3：工程造价指标分析在工程管理中有什么作用？ 引导性问题 4：建筑工程主要消耗量指标有哪些？		
知识点归纳	见任务小结思维导图		
课后要求	1. 复习"任务 3　造价指标分析"的相关内容； 2. 用软件编制《教师公寓楼》招标控制价并进行指标分析		

任务 3 造价指标分析

情境导入

本案例为教师公寓楼，依据《建设工程工程量清单计价规范》GB 50500—2013、《广东省房屋建筑与装饰工程计价定额（2018）》、广州市 2021 年 3 月信息价以及配套解释和相关文件，结合工程设计及相关资料施工现场情况、工程特点及合理的施工方法，以及建设工程项目的相关标准、规范、技术资料编制。

一、造价指标

工程造价指标主要反映每平方米建筑面积造价，包括总造价指标、费用构成指标。是对建筑、安装工程各分部分项费用及措施项目费用组成的分析，同时也包含了各专业人工费、材料费、机械费、企业管理费、利润等费用的构成及占工程造价的比例。

造价指标是反映工程建造成本的一个指数，例如常见的混凝土含量、钢筋含量、水泥含量、砌体含量、内外墙面积、建筑面积、混凝土单方造价、土建专业占造价比、安装专业单方造价等都是造价指标。

工程造价分析，是在建设项目施工中或竣工后，对施工图预算执行情况的分析，即：设计预算与竣工决算对比，运用成本分析的方法，分析各项资金运用情况，核实预算是否与实际接近，能否控制成本。分析的目的是总结经验，找出差距和原因，为改进以后工作提供依据。

二、建筑工程常用的造价指标分析方法

1. 单方造价指标法：通过对同类项目的每平方米造价的对比，可直接反映造价的准确性。

2. 分部工程比例：基础、砖石、混凝土及钢筋混凝土、门窗、围护结构等的比例。

3. 专业投资比例：土建、给水排水、采暖通风、电气照明等各专业占总造价的比例。

4. 工料消耗指标：即对主要材料每平方米的耗用量的分析，如钢材、木材、水泥、砂、石、砖、瓦、人工等主要工料的单方消耗指标。

三、广联达指标神器操作流程

1. 安装及导入

（1）安装"广联达指标神器"，GCCP6.0 软件能自动关联指标神器下载安装，如图

7.3.1 所示。安装完后如图 7.3.2 所示。

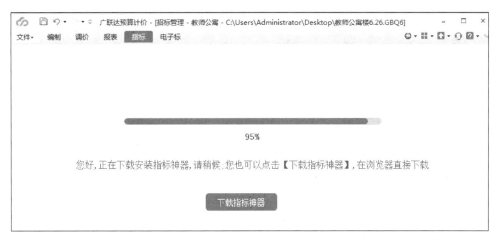

图 7.3.1 指标神器下载安装

（2）打开软件，点击右侧的登录按钮，输入自己的账号和密码，点击"登录"按钮。没有账号的用户也可以点击右侧的注册按钮进行注册，然后登录，如图 7.3.3 所示。

图 7.3.2 广联达指标神器　　　　　　　　图 7.3.3 登录界面

（3）登录后，我们可以分别分析各种格式的计价文件，支持格式如图 7.3.4 所示。

2. 完善信息

（1）项目结构调整

下面以导入广联达计价文件为例演示指标神器分析工程，点击"导入广联达计价文件"选择已经完成的计价文件"教师公寓楼 . GBQ6"，指标是以单位工程为单位进行分析的，项目结构如不是按单位工程编制的，可以进行"一键拆分"，这里只有一个工程就不

图 7.3.4 导入文件

需要选择了，如图 7.3.5 所示。

图 7.3.5 项目结构调整

（2）项目工程信息

调整完项目结构后开始完善项目工程信息，在这个页面需要将"造价类别""建筑面积""建设地点""建筑分类"等带"＊"号的内容完善，如图 7.3.6 所示。

（3）计算口径填写及单项工程信息

完善信息中还有"计算口径填写"及"单项工程信息"，将已知的信息尽量完善，这样分析出来的数据就更贴合工程实际情况。如图 7.3.7 所示。

	名称	内容
1	项目名称 *	教师公寓楼.GBQ6
2	造价类别 *	招标控制价
3	建筑面积(m2) *	1013.97
4	建设地点 *	广东-广州
5	建筑分类 *	居住建筑
6	工程类别	新建工程
7	编制日期	请选择编制日期

	名称	工程分类	成本指标模板	主要工料指标
1	单项工程 *	多层住宅（7层及以下）	成本指标	主要工料指标

图 7.3.6　项目工程信息

	计算口径	单位	住宅 单项工程
1	建筑面积	m2	1013.97
2	地下建筑面积	m2	0.00
3	地上建筑面积	m2	1013.97
4	建筑占地面积	m2	0.00
5	钢结构受益面积	m2	0.00
6	木质构件面积	m2	0.00
7	可售面积	m2	0.00
8	户数	户	0.00
9	层数	层	6.00
10	地下室底面积	m2	0.00
11	园林绿化面积	m2	0.00
12	道路面积	m2	0.00
13	道路长度	m	0.00
14	人行道长度	m	0.00
15	隧道长度	m	0.00
16	管道长度	m	0.00
17	建筑体积	m3	0.00

	名称	单项工程
1	地上层数	6
2	地下层数	无地下室
3	地下层高	
4	首层层高	3
5	标准层层高	3
6	定额编制依据	广东省房屋建筑与装饰工程综合定...
7	基础类型	桩承台基础
8	结构类型	框架结构
9	设防烈度	7度
10	抗震等级	三级
11	装修标准	简装
12	不包含项	

图 7.3.7　完善计算口径填写及单项工程信息

3. 指标查看

点击"指标查看"，即可看到项目概况分析，如图 7.3.8 所示。

图 7.3.8　指标查看

4. 指标对比

选择"指标对比"，可以查看整个工程项目的成本指标及主要工料指标，在指标神器中分析过的工程，都会列入"我的指标库"中，为今后造价工作提供相应的对比数据。如图 7.3.9 所示。

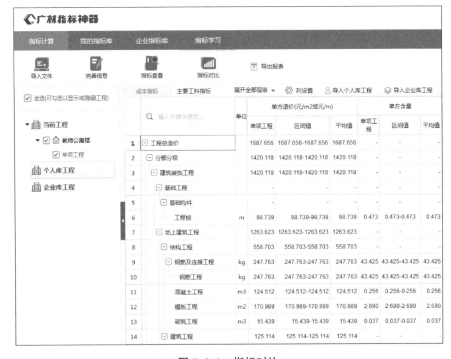

图 7.3.9　指标对比

四、造价指标分析表

完成的指标分析可以导出 Excel 格式报表，供打印查看。如图 7.3.10～图 7.3.12 所示。

基本信息	
一级分类	居住建筑
二级分类	住宅
三级分类	多层住宅（7层及以下）
工程类别	新建工程
建设地点	广东-广州
编制日期	
清单编制依据	工程量清单项目计量规范(2013-广东)
定额编制依据	广东省房屋建筑与装饰工程综合定额(2018)
地下层数	无地下室
地上层数	6
地下层高	
首层层高	3
标准层层高	3
造价类型	招标控制价
基础类型	桩承台基础
结构类型	框架结构
设防烈度	7度
抗震等级	三级
装修标准	简装
不包含项	

图 7.3.10　工程信息

科目名称	单位	单方造价(元/m2或元/m)			单方含量			备注
		单项工程	区间值	平均值	单项工程	区间值	平均值	
工程总造价		1687.656	1687.656-1687.656	1687.656	-	-	-	
分部分项		1420.118	1420.118-1420.118	1420.118	-	-	-	
建筑装饰工程		1420.118	1420.118-1420.118	1420.118	-	-	-	
基础工程		-	-	-	-	-	-	
基础构件		-	-	-	-	-	-	
工程桩	m	98.739	98.739-98.739	98.739	0.473	0.473-0.473	0.473	
地上建筑工程		1263.623	1263.623-1263.623	1263.623	-	-	-	
结构工程		558.703	558.703-558.703	558.703	-	-	-	
钢筋及连接工程	kg	247.763	247.763-247.763	247.763	43.425	43.425-43.425	43.425	
钢筋工程	kg	247.763	247.763-247.763	247.763	43.425	43.425-43.425	43.425	
混凝土工程	m3	124.512	124.512-124.512	124.512	0.256	0.256-0.256	0.256	
模板工程	m2	170.989	170.989-170.989	170.989	2.690	2.690-2.690	2.690	
砌筑工程	m3	15.439	15.439-15.439	15.439	0.037	0.037-0.037	0.037	
建筑工程		125.114	125.114-125.114	125.114	-	-	-	
地面保温工程	m2	9.119	9.119-9.119	9.119	0.146	0.146-0.146	0.146	
地面防水工程	m2	3.607	3.607-3.607	3.607	0.081	0.081-0.081	0.081	
墙面防水工程	m2	23.515	23.515-23.515	23.515	0.418	0.418-0.418	0.418	
屋面防水工程	m2	7.577	7.577-7.577	7.577	0.187	0.187-0.187	0.187	
其他零星配件		9.295	9.295-9.295	9.295				
油漆、涂料、裱糊工程		72.002	72.002-72.002	72.002				
抹灰面油漆	m2	72.002	72.002-72.002	72.002	2.890	2.890-2.890	2.890	
室内装饰工程		554.612	554.612-554.612	554.612				
地面工程	m2	3.745	3.745-3.745	3.745	0.123	0.123-0.123	0.123	
找平层及整体面层	m2	3.745	3.745-3.745	3.745	0.123	0.123-0.123	0.123	
整体面层	m2	3.745	3.745-3.745	3.745	0.123	0.123-0.123	0.123	
地面饰面工程	m2	128.420	128.420-128.420	128.420	1.022	1.022-1.022	1.022	
块料面层	m2	128.420	128.420-128.420	128.420	1.022	1.022-1.022	1.022	
楼梯饰面工程	m2	12.877	12.877-12.877	12.877	0.057	0.057-0.057	0.057	
踢脚线	m2	17.193	17.193-17.193	17.193	0.106	0.106-0.106	0.106	
内墙工程	m2	392.021	392.021-392.021	392.021				
内墙抹灰工程	m2	70.162	70.162-70.162	70.162	2.557	2.557-2.557	2.557	
内墙墙面饰面工程	m2	321.859	321.859-321.859	321.859	1.847	1.847-1.847	1.847	
内墙墙面块料面层	m2	321.859	321.859-321.859	321.859	1.847	1.847-1.847	1.847	
天棚工程	m2	0.355	0.355-0.355	0.355	0.011	0.011-0.011	0.011	
天棚吊顶工程	m2	0.355	0.355-0.355	0.355	0.011	0.011-0.011	0.011	
门窗工程		25.193	25.193-25.193	25.193				
木门	m2	6.291	6.291-6.291	6.291	0.098	0.098-0.098	0.098	
窗及阳台门	m2	18.902	18.902-18.902	18.902	0.214	0.214-0.214	0.214	
措施项目		176.946	176.946-176.946	176.946	-	-	-	
脚手架工程		57.713	57.713-57.713	57.713	-	-	-	
混凝土模板及支架		12.884	12.884-12.884	12.884	-	-	-	
垂直运输		40.300	40.300-40.300	40.300	-	-	-	
安全文明施工及其他措施项目		66.049	66.049-66.049	66.049	-	-	-	
其他项目		148.230	148.230-148.230	148.230	-	-	-	
税金		139.348	139.348-139.348	139.348	-	-	-	

图 7.3.11　成本指标

指标项	单位	单方消耗量			单价（元）		
		单项工程	区间值	平均值	单项工程	区间值	平均值
建筑与装饰工程		-	-	-	-	-	-
综合人工	工日	0.130	0.130-0.130	0.130	229.999	229.999-229.999	229.999
主要材料		-	-	-	-	-	-
预拌混凝土	m3	0.644	0.644-0.644	0.644	189.432	189.432-189.432	189.432
砂浆	m3	0.141	0.141-0.141	0.141	217.910	217.910-217.910	217.910
钢筋	t	0.038	0.038-0.038	0.038	4602.079	4602.079-4602.079	4602.079
其他钢材	t	0.007	0.007-0.007	0.007	3729.368	3729.368-3729.368	3729.368
木材	m3	0.013	0.013-0.013	0.013	1352.030	1352.030-1352.030	1352.030
水泥	t	0.035	0.035-0.035	0.035	323.797	323.797-323.797	323.797
砂子	m3	0.112	0.112-0.112	0.112	275.649	275.649-275.649	275.649
防水卷材	m2	0.184	0.184-0.184	0.184	11.590	11.590-11.590	11.590
防水涂料	kg	1.314	1.314-1.314	1.314	17.800	17.800-17.800	17.800
保温材料	m2	0.149	0.149-0.149	0.149	26.060	26.060-26.060	26.060
装饰涂料	kg	1.500	1.500-1.500	1.500	11.641	11.641-11.641	11.641
装饰板材	m2	0.371	0.371-0.371	0.371	33.140	33.140-33.140	33.140
瓷砖	m2	3.174	3.174-3.174	3.174	61.255	61.255-61.255	61.255

图 7.3.12　主要工料指标

任务小结

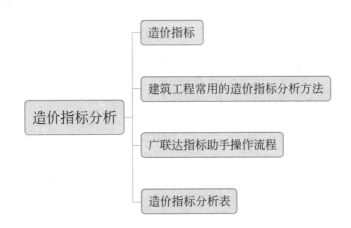

242

参考文献

［1］吴海蓉，张玲玲 . BIM 建筑工程计量与计价实训（广东版）. 重庆：重庆大学出版社，2020.

［2］广联达课程委员会 . 广联达算量应用宝典 . 北京：中国建筑工业出版社，2019.

［3］陈淑珍，王妙灵 . BIM 建筑工程计量与计价实训 . 重庆：重庆大学出版社，2019.

［4］曾浩，王小梅，唐彩虹 . BIM 建模与应用教程 . 北京：北京大学出版社，2018.

［5］叶雯 . 建筑信息化建模 . 北京：高等教育出版社，2016.

［6］郭进保 . 中文版 Revit2016 建筑模型设计 . 北京：清华大学出版社，2016.

［7］陈丹，王全杰，蒋小云 . 建筑工程计量与计价实训教程（广东版）. 重庆：重庆大学出版社，2015.

［8］陈丹，王全杰，曾波 . 工程量清单计价实训教程（广东版）. 重庆：重庆大学出版社，2015.